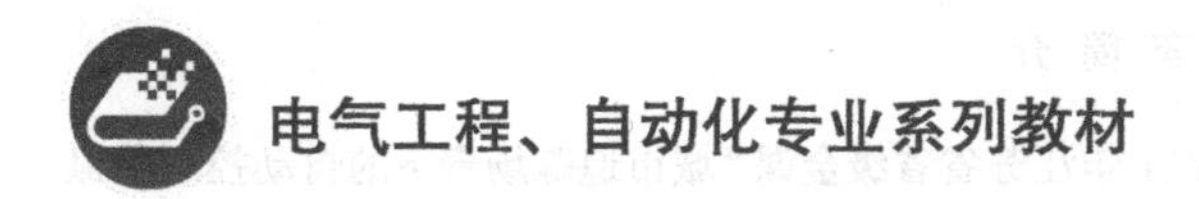

自动控制原理实验教程
——MATLAB 编程与虚拟仿真

万佑红　周映江　杨　敏　王欣伟　编著

電子工業出版社
Publishing House of Electronics Industry
北京•BEIJING

内 容 简 介

本书是工科类专业的实验教学教材，配套有2021年江苏省省级金课“城市追踪场景下的自动控制虚拟仿真实验”。该虚拟仿真课程给学生提供了一个随时随地实验学习的平台。本书涵盖了经典控制理论与现代控制理论的重点和难点内容，强调理论与实际相结合，主要内容包括 MATLAB 软件基础、四旋翼无人机虚拟仿真实验平台、控制系统的时域分析、根轨迹分析与设计、线性系统的频域分析法、线性系统的串联校正、非线性控制系统分析、状态空间分析及最优控制、无人机自动跟踪虚拟仿真综合实验，配以 MATLAB 软件的相关函数和代码，提供控制理论相关问题求解的实验方法。实验内容具有典型性和代表性，在实验设计上体现了实用性和先进性。

本书适用于自动化、电气工程及其自动化、测控技术与仪器及智能科学与技术等电气信息类专业，同时适合工科相关本科专业的学生自学，也可作为研究生的学习资料。

图书在版编目（CIP）数据

自动控制原理实验教程：MATLAB 编程与虚拟仿真 / 万佑红等编著. —北京：电子工业出版社，2023.1

ISBN 978-7-121-45070-9

Ⅰ. ①自… Ⅱ. ①万… Ⅲ. ①自动控制理论—实验—教材 Ⅳ. ①TP13-33

中国国家版本馆 CIP 数据核字（2023）第 028685 号

责任编辑：杜　军　　　　特约编辑：田学清
印　　刷：北京七彩京通数码快印有限公司
装　　订：北京七彩京通数码快印有限公司
出版发行：电子工业出版社
　　　　　北京市海淀区万寿路 173 信箱　　　邮编：100036
开　　本：787×1092　1/16　印张：11.5　字数：273 千字
版　　次：2023 年 1 月第 1 版
印　　次：2025 年 1 月第 3 次印刷
定　　价：35.00 元

凡所购买电子工业出版社图书有缺损问题，请向购买书店调换。若书店售缺，请与本社发行部联系，联系及邮购电话：（010）88254888，88258888。

质量投诉请发邮件至 zlts@phei.com.cn，盗版侵权举报请发邮件至 dbqq@phei.com.cn。

本书咨询联系方式：dujun@phei.com.cn。

前言

‹‹‹‹‹ PREFACE

1. 编写背景

近几十年来，随着计算机技术的发展与应用，自动控制技术在各种工程技术和社会生活等领域发挥着越来越重要的作用。“自动控制原理”课程是高校面向自动化类专业本科生开设的一门主干课程，是为培养电气信息等领域中自动控制系统分析与设计方面高质量的专门人才服务的。同时，“自动控制原理”课程来源于控制工程的社会实践，是一门理论与技术相结合的综合性课程，这就决定了实验教学是整个自动控制理论教学过程中的重要环节。

MATLAB 作为应用最广泛的一种科学计算语言，具有强大的科学计算与可视化功能，已经成为“自动控制原理”课程实验的基本工具和首选平台。近几年，随着信息技术与高等教育实验教学的深度融合，很多普通本科高等学校根据本院校的实际教学需求开展了示范性虚拟仿真实验教学项目建设工作。虚拟仿真实验不受场地和时间的限制，不仅弥补了传统实验手段的许多缺陷，而且将抽象的理论具体化，实验形象直观，增强了学生的参与性。

2. 编写宗旨及特点

本书以进一步提高学生理论联系实际的能力、拓宽学生的创新思维为宗旨，基于 MATLAB 仿真软件和南京邮电大学自主研发的虚拟仿真实验平台，将“自动控制原理”课程的核心知识点、MATLAB 仿真分析、无人机追踪控制虚拟仿真应用有机贯穿在一起，主要具有如下几个特点。

（1）内容全面，系统梳理了自动控制原理及现代控制理论的所有相关知识，每一章都详细介绍了与对应知识点相配套的 MATLAB 函数，并给出了典型样例。学生通过各章节学习后，能独立完成相应的实验，加深对控制理论知识的理解。

（2）现有教材大多以炉温、电机等传统系统为主要研究对象。本书创新性地以无人机系统为对象，以虚拟仿真实验为载体，不依赖特有的实验硬件平台，学生可以随时随地开展自主学习与线上实验，摆脱了实验时间和场所的限制。

（3）本书强调理论与实际相结合，将控制理论、MATLAB 编程与无人机虚拟仿真有效融合，有助于学生更直观地掌握控制系统的分析与设计方法，激发学生的创新思维。本书既可以作为学生的实验指导教材，也可以作为课外学习用书。

本书适用于自动化、电气工程及其自动化、测控技术与仪器及智能科学与技术等电气信息类专业，同时适合工科相关本科专业的学生自学，也可作为研究生的学习资料。

3. 内容简介

全书主要内容包括以下 9 个章节。

第 1 章：主要介绍了与控制系统仿真有关的 MATLAB 基本使用方法、编程方法与 Simulink 交互式仿真，MATLAB 新手可以通过本章的学习比较顺利地跨过 MATLAB 门槛。以 MATLAB 的最新版本 R2021a 为平台，从 MATLAB 的安装、主要工作界面开始，逐步介绍 MATLAB 中变量的命名与使用规则、基本的算术运算与关系运算，以及如何在使用中获得帮助。本章重点介绍了控制系统仿真中常用的矩阵与多项式，系统阐述了 MATLAB 的常用控制流与基本编程方法，简洁明了地描述了 Simulink 的交互式建模步骤与操作要领。

第 2 章：介绍了四旋翼无人机虚拟仿真实验平台，从四旋翼无人机机身结构与飞行原理着手，介绍了四旋翼无人机动力学方程和平台的相关知识，最后给出了四旋翼无人机在线虚拟仿真认知实验。

第 3 章：围绕控制系统时域分析的核心知识点，以控制系统的三个基本要求“稳、快、准”为主线，阐述了系统稳定性的判断方法、二阶系统欠阻尼情况下的性能指标计算及改善二阶系统性能的方法、分析系统稳态性能的方法，在此基础上，着重讨论了一阶和二阶系统的时域特性。本章还介绍了时域分析中常用的 MATLAB 函数及其使用方法，通过典型案例的仿真，完整呈现了利用 MATLAB 进行时域分析的过程。本章最后给出了一阶系统、二阶系统的时域特性仿真，以及四旋翼无人机时域跟踪虚拟仿真实验的具体内容与要求。

第 4 章：主要介绍了 180° 根轨迹绘制法则，以及 MATLAB 相关的绘制命令，并给出交互式求取根轨迹分离点和虚轴交点的方法。为了便于控制系统设计，本章介绍了阻尼比线和自然频率栅格线绘制方法。本章还详细介绍了系统根轨迹分析与设计工具 rltool，通过图形界面，可视化操作添加零极点，从而使得系统的稳定性和动态性得到改善。本章最后给出了线性系统根轨迹仿真实验的具体内容与要求。

第 5 章：主要介绍了频率特性及几何表示方法，给出了典型环节的 Bode 图和 Nyquist 图，以及 MATLAB 相关的绘制命令。本章还介绍了频域法稳定判据，并给出了 MATLAB 实现方法。本章也介绍了稳定裕度，并给出了利用 MATLAB 求取幅值裕量和相位裕量的实现方法。本章最后给出了线性系统频域分析实验的具体内容与要求。

第 6 章：主要介绍了线性系统的串联校正原理，并给出了基于 MATLAB 的串联超前校正和串联滞后校正的设计方法。本章还介绍了串联校正的硬件实现方法，即利用阻容电路和放大器构造超前校正装置和滞后校正装置。本章最后给出了线性系统串联校正实验的具体内容与要求。

第 7 章：重点介绍了非线性控制系统的系列理论知识，从典型特性入手引出描述函数法，介绍了改善非线性系统性能的措施。本章还介绍了 MATLAB 相关语句，最后通过典型非线性环节模拟、非线性控制系统分析、非线性系统的相平面法三个实验给出具体内容与要求。

第 8 章：主要介绍了状态空间分析及最优控制的核心知识点。在状态空间分析部分，引入了线性系统状态空间描述，给出状态空间相关的基本概念和创建状态空间的常用方法。考虑到在实际应用中，所有状态变量在物理上可能无法完全可测，本章详细阐述了状态观测器的设计方法和应用场景。在此基础上，本章进一步介绍了状态反馈系统的极点可配置条件和单输入–单输出/多输出系统的极点配置算法，同时，介绍了全维状态观测器的设计方案。在最优控制部分，本章结合经典案例，介绍了最优控制的基本原理、应用类型和研究方法，进一步阐述了线性二次型问题的最优控制和无限时间定常状态调节器的设计方法。本章接着给出了在MATLAB中常用的状态空间分析及最优控制的调用命令。最后，本章结合四旋翼无人机模型，给出了现代控制理论相关仿真的实验内容和具体要求。

第9章：详细介绍了无人机自动跟踪虚拟仿真综合实验，分别介绍了虚拟仿真实验的目的、原理、内容、步骤、记录和拓展思考。通过本章的学习，学生可以轻松学会虚拟仿真实验的操作过程。

本书第1章和第3章由万佑红编写，周映江编写第2章、第7章和第9章，杨敏编写第4章至第6章，第8章由王欣伟编写。在编写过程中得到了蒋国平教授的指导和支持，以及虚拟仿真实验课程团队、自动化系丁洁老师等的无私帮助。

本书是编著者长年教学和科研积累的成果，由于时间仓促和作者知识有限，书中难免存在疏漏之处，在此，欢迎广大读者不吝指正。

编著者

2022年10月

<<<<<< CONTENTS

第 1 章　MATLAB 软件基础

1.1　MATLAB 基本介绍

在很多研究领域中经常会遇到各种各样的计算问题，如求解具有几十个变量的线性或非线性方程组、求解复杂的微分方程，这些问题非常复杂，计算量很大，往往没有办法求得理论解。随着计算机技术的发展，人们可以有效地解决这些问题，由此诞生了一门新兴的交叉学科——科学计算，它成为继理论研究和科学实验之后的第三种科学研究方法。MATLAB（Matrix Laboratory）是近年来应用最广泛的一种科学计算语言，因以矩阵的形式处理数据而得名。MATLAB 软件将高性能的数值计算和可视化集成在一起，并提供了大量的内置函数，从而被广泛地应用于科学计算、控制系统、信息处理等领域的仿真分析与设计中。将 MATLAB 作为计算工具，人们不需要关注各种数值计算方法的具体细节和计算公式，也不需要进行烦琐的底层编程，从而可以专注于实际问题的分析和设计，大大提高了工作效率和质量，为科学研究与工程应用提供重要手段。在高等学校，MATLAB 已经成为自动控制原理等诸多课程和科研工作的基本计算工具。

1.1.1　MATLAB 软件的安装与主要工作界面

MATLAB 软件的安装：运行安装程序 setup.exe 后按照安装提示依次操作，其中组件选择可以全选，也可根据自己的需要选择要安装的组件，但是一般 MATLAB 和 Simulink 是基本必选组件。具体安装过程在此不再赘述。安装成功后运行 MATLAB 软件，显示如图 1.1 所示的高度集成的工作界面（以 MATLAB R2021a 为例）。

在命令行窗口的提示符“>>”后可键入各种 MATLAB 的命令、函数和表达式，并显示除图形外的所有运算结果。工作区（Workspace）用于显示所有 MATLAB 工作空间中的变量名、数据结构、类型、大小和字节数，还可以对变量进行观察、编辑、提取和保存。MATLAB 命令行窗口和工作区示例如图 1.2 所示。

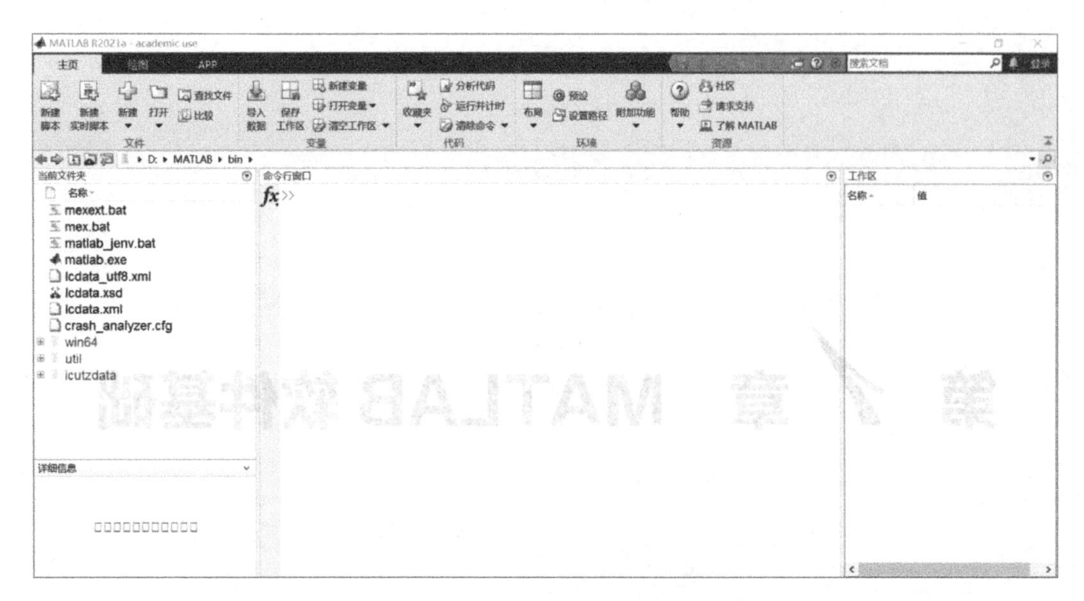

图 1.1　MATLAB 工作界面

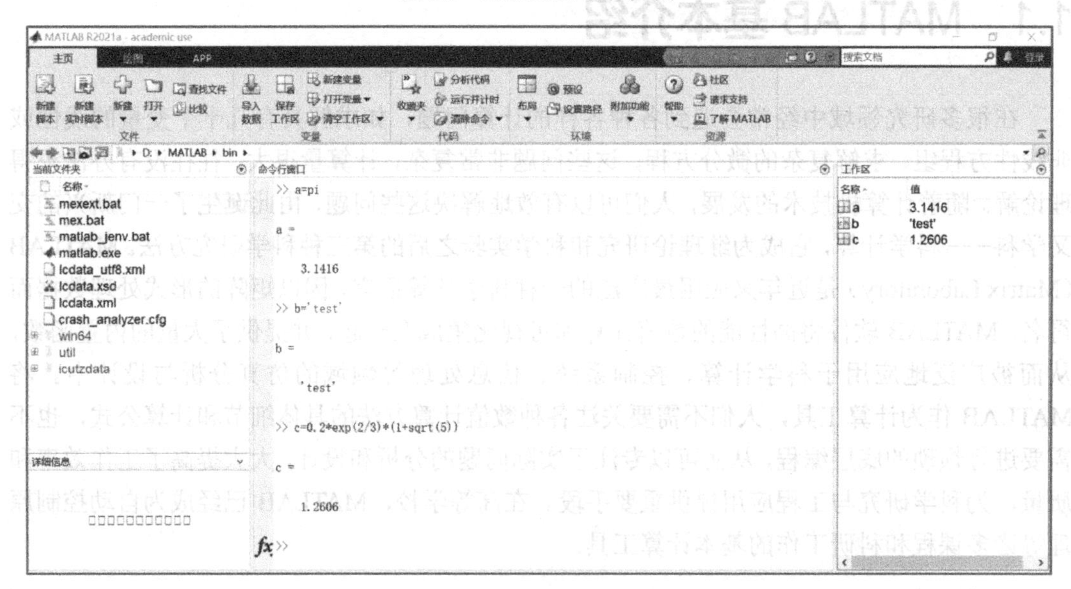

图 1.2　MATLAB 命令行窗口和工作区示例

从图 1.2 中可以看到，我们可以在命令行窗口中将某个运算表达式赋值给某个变量，按回车键后，该条命令立即被执行并显示计算结果，该变量的名称和数值大小将同时显示在工作区。在 MATLAB 中，如果用户不用 clear 命令清除它，或对它重新赋值，那么该变量会一直保存在工作空间中，直到本 MATLAB 命令行窗口被关闭为止。如果输入的命令是不含赋值号的表达式，则计算结果被赋给 MATLAB 的一个默认变量 ans，它是英文“answer”的缩写。

1.1.2　MATLAB 的变量

MATLAB 的变量名不需要事先声明或定义类型即可使用。当 MATLAB 遇到新的变量名时，它会自动创建变量，并分配适当大小的存储。如果此变量已存在，则 MATLAB 会更改其内容，并根据需要分配新存储。合法的变量名是以字母开头，后接字母、数字或下画线的字符序列，最多 63 个字符。变量名要区分字母的大小写。建议在编写命令和程序时，尽可能不对如表 1.1 所示的预定义变量重新赋值，以免产生混淆。如果用户对表 1.1 所示的任何一个预定义变量进行赋值，则该变量的默认值将被用户新赋的值“临时”覆盖。重置为默认值的方法：用 clear 命令清除内存中的变量或命令行窗口被关闭后重新启动。

表 1.1 MATLAB 默认的预定义变量

预定义变量	含 义	预定义变量	含 义
ans	计算结果的默认变量名	NaN 或 nan	非数（Not a number,用以表述 0/0 等科学计算结果）
eps	机器零阈值	nargin	函数输入变量数目
Inf 或 inf	无穷大，如 1/0 的结果	nargout	函数输出变量数目
i 或 j	虚数单位	realmax	最大正实数
pi	圆周率	realmin	最小正实数

1.1.3 MATLAB 的基本运算

MATLAB 的基本运算包括算术运算、关系运算、逻辑运算等，本节主要介绍算术运算和关系运算的运算符。

1. 算术运算

MATLAB 的运算符都是各种计算程序中常见的符号，其基本运算符如表 1.2 所示。若两个矩阵（或数组）***A*** 和 ***B*** 的维数相同，则可以执行矩阵（或数组）的加减运算，***A*** 和 ***B*** 矩阵（或数组）的对应位置元素相加减。如果 ***A*** 与 ***B*** 的维数不相同，则 MATLAB 将给出错误信息，提示用户两个矩阵的维数不匹配。这里需要注意的是，MATLAB 中矩阵的乘法必须满足两个矩阵的内维相同的条件。例如，矩阵 ***A*** 和 ***B***，若 ***A*** 为 $m\times n$ 矩阵，***B*** 为 $n\times p$ 矩阵，则 ***C=A*B*** 为 $m\times p$ 矩阵。数组运算的“乘、除、幂”运算符比相应的矩阵运算符多一个“小黑点”，也称点运算，如点乘，两矩阵进行点运算是指它们的对应元素进行相关运算，要求两矩阵的维数完全相同。MATLAB 用左斜杠或右斜杠分别表示“左除”或“右除”运算。对标量而言，“左除”和“右除”的作用结果相同。但对矩阵来说，“左除”和“右除”将产生不同的结果。如果矩阵 ***A*** 是非奇异方阵，则 ***A\B*** 和 ***B/A*** 运算都可以实现。***A\B*** 等效于 ***A*** 矩阵的逆左乘 ***B*** 矩阵，也就是 inv（***A***）****B***，而 ***B/A*** 等效于 ***A*** 矩阵的逆右乘 ***B*** 矩阵，也就是 ***B****inv（***A***）。一般 ***A\B≠B/A***。

表 1.2 MATLAB 的基本运算符

运 算	数学表达式	矩阵运算符	数组运算符
加	A+B	A+B	A+B
减	A−B	A−B	A−B
乘	A×B	A*B	A.*B
除	A÷B	A/B 或 B\A	A./B 或 B.\A

续表

运　算	数学表达式	矩阵运算符	数组运算符
幂	A^b	A ^ b	A .^ b
圆括号	( )	( )	( )

表达式是用运算符将有关运算量连接起来的式子，其结果是一个矩阵。表达式将按与常规相同的优先级从左至右执行运算，指数运算级别最高，乘除运算次之，加减运算级别最低。括号可以改变运算的次序。

2. 关系运算

MATLAB 提供了 6 种关系运算符：<（小于）、<=（小于或等于）、>（大于）、>=（大于或等于）、==（等于）、~=（不等于）。它们的含义不难理解，但要注意其书写方法与数学中的运算符号不尽相同。

关系运算符的运算法则如下：

（1）当两个参与比较的量是标量时，直接比较两个量的大小。若关系成立，则关系表达式结果为 1，否则为 0。

（2）当参与比较的量是两个维数相同的矩阵时，比较时对两个矩阵相同位置的元素按标量关系运算规则逐个进行，并给出元素比较结果。最终的关系运算的结果是一个维数与原矩阵相同的矩阵，它的元素由 0 或 1 组成。

（3）当参与比较的量一个是标量，而另一个是矩阵时，则把标量与矩阵的每个元素按标量关系运算规则逐个比较，并给出元素比较结果。最终的关系运算的结果是一个维数与原矩阵相同的矩阵，它的元素由 0 或 1 组成。

1.1.4 如何在 MATLAB 中获得帮助

如果已知函数的名称，想了解该函数的具体用法，可以用“help”命令。

```
>> help functionname
```

这个命令可以显示该函数的一个描述，通常还包括一系列相关函数供查看。

如果不清楚具体的函数名，可以用“lookfor”命令加上这个函数的关键词。

```
>>lookfor keyword
```

该命令可以显示描述中包含该关键词的一系列函数。

当然也可以在命令行窗口通过“doc”命令打开帮助文档，也可按 F1 键打开帮助进行搜索。MATLAB 还有大量的演示程序，可以用“demo”命令查看。

1.2 MATLAB 基础知识

本节将介绍与控制系统仿真相关的 MATLAB 基础知识，主要内容包括矩阵的创建与寻访、多项式的表达与计算、常用控制流与 M 文件及基本绘图方法。

1.2.1 矩阵的创建与寻访

MATLAB 可以直接进行数组和矩阵的运算，而其他编程语言大多逐个处理矩阵中的数值。所有 MATLAB 变量都是多维数组，与数据类型无关。矩阵是指通常用来进行线性代数运算的二维数组。

1. 矩阵的创建

1）递增/减型一维数组的冒号生成法

递增/减型一维数组是指数组元素值的大小按递增或递减的次序排列，数组元素值之间的“差”是“确定”的，即“等步长”的。这类数组主要用作函数的自变量、for 循环中的循环变量等。生成递增/减型一维数组的命令为

```
c = a : h : b
```

其中，a 是数组的第一个元素，h 是采样点之间的间隔，即步长。生成的数组 c 最后一个元素等于/小于 b。

当省略 h 时，默认其步长为 1。

2）直接输入法

直接输入法是指从键盘直接输入矩阵的元素。具体方法如下：将矩阵的元素用方括号括起来，按矩阵行的顺序输入各元素，同一行的各元素之间用空格或逗号分隔，不同行的元素之间用分号分隔。

```
a = [1 2 3; 4 5 6; 7 8 10]
```

在命令行窗口输入上述命令，按回车键后显示运行结果：

```
a =
     1     2     3
     4     5     6
     7     8    10
```

如果要转置矩阵，可使用单引号（'），如下：

```
a'
```

在命令行窗口输入上述命令，按回车键后显示运行结果:

```
ans =
     1     4     7
     2     5     8
     3     6    10
```

3）利用 MATLAB 内置函数

创建矩阵的另一种方法是使用 ones、zeros 或 rand 等内置函数。例如，创建一个由零组成的 3×1 列向量：

```
A=zeros (3,1)
```

在命令行窗口输入上述命令，按回车键后显示运行结果：

```
A =

     0
     0
     0
```

4）利用 M 文件建立矩阵

对于比较大且比较复杂的矩阵，可以为它专门建立一个 M 文件。下面通过一个简单例子来说明如何利用 M 文件创建矩阵。

例 1.1 利用 M 文件建立 MYMAT 矩阵。

（1）启动有关编辑程序或 MATLAB 文本编辑器，输入待建矩阵。

（2）把输入的内容以纯文本方式存盘（设文件名为 mymatrix.m）。

（3）在 MATLAB 命令行窗口中输入 mymatrix，即运行该 M 文件，就会自动建立一个名为 MYMAT 的矩阵，可供以后使用。

2. 矩阵元素的寻访

1）单元素的寻访

如果要对矩阵中的某个特定位置上的元素进行寻访，可以采用矩阵元素的双下标或单下标的序号来引用矩阵元素。在 MATLAB 中，矩阵元素按列存储，先存储第一列，再存储第二列，以此类推。在单下标的寻访方式中，矩阵元素的序号就是相应元素在内存中的排列序号。具体寻访方式参见例 1.2。

例 1.2 创建一个 3×3 的随机分布数组，并对指定位置元素进行寻访。

```
rng (1) ;               %指定 MATLAB 随机数生成器的种子，在每次执行 rand 时重现结果
A=rand (3,3)            %创建 3×3 的随机分布数组
A =

    0.4170    0.3023    0.1863
    0.7203    0.1468    0.3456
    0.0001    0.0923    0.3968
A (2,2)         %双下标：数组 A 的第 2 行第 2 列元素
ans =

     0.1468
A (5)                   %单下标：数组 A 的第 5 个元素
ans =

    0.1468
```

2）多元素的寻访

A（[*m n g*]）：表示取数组或矩阵 ***A*** 中的第 *m,n,g* 个元素；

A（:,c）：表示取第 c 列的所有元素；

A（r,:）：表示取第 r 行的所有元素；

A（i:i+m,k:k+n）：表示取从第 i 行到第 $i+m$ 行并在第 k 列到第 $k+n$ 列内的全部元素。也可以不指定行或列，用冒号表示所有行或所有列。

例 1.3 对例 1.2 中的矩阵 $\boldsymbol{A}$ 进行多元素寻访。

```
A([1 3 5])   %以单下标寻访的方式取矩阵 A 中的第 1,3,5 个元素
ans =

   0.4170    0.0001    0.1468

A(:,2)       %取矩阵 A 中第 2 列的所有元素
ans =

   0.3023
   0.1468
   0.0923
A(2,:)       %取矩阵 A 中第 2 行的所有元素
ans =

   0.7203    0.1468    0.3456
A(1:2,1:2)   %取矩阵 A 中的从第 1 行到第 2 行并在第 1 列到第 2 列内的所有元素
ans =

   0.4170    0.3023
   0.7203    0.1468
```

1.2.2 多项式的表达与计算

1. 多项式的表达

MATLAB 将多项式表示为行向量，行向量中的元素是按降幂排序的多项式系数。例如，三元素向量 $\boldsymbol{p}=[p_2\ \ p_1\ \ p_0]$ 用来表示多项式 $p(x)=p_2x^2+p_1x+p_0$。

例 1.4 创建一个向量以表示二次多项式 $p(x)=x^2-4x+4$。

```
p = [1 -4 4]
```

这里需要强调一下，必须将系数为 0 的多项式中间项输入该向量中，因为 0 用作 x 的特定幂的占位符。

例 1.5 创建一个向量来表示多项式 $p(x)=4x^5-3x^2+2x+33$。

```
p = [4 0 0 -3 2 33]
```

2. 多项式的计算

1）多项式的乘法

w=conv（**u**,**v**）表示返回向量 **u** 和 **v** 的卷积。如果 **u** 和 **v** 是两个多项式的系数向量，则 **w** 将返回这两个多项式相乘得到的多项式向量。

例 1.6 创建包含多项式 x^2+1 和 $2x+7$ 的系数的向量 **u** 和 **v**，并计算这两个多项式的乘积。

```
u = [1 0 1];
v = [2 7];
```

使用卷积将多个多项式相乘。

```
w = conv (u,v)
w = 1×4
    2    7    2    7
```

w 包含 $2x^3+7x^2+2x+7$ 的多项式系数。

2）多项式的除法

[**q**,**r**]=deconv（**u**,**v**）使用长除法将向量 **v** 从向量 **u** 中去卷积，并返回商 **q** 和余数 **r**，以使 **u**=conv（**v**,**q**）+**r**。如果 **u** 和 **v** 是由多项式系数组成的向量，则将 **u** 表示的多项式除以 **v** 表示的多项式，返回商多项式和余数多项式的系数向量。

例 1.7 创建两个向量 **u** 和 **v**，分别包含多项式 $2x^3+7x^2+4x+9$ 和 x^2+1 的系数，将第一个多项式除以第二个多项式，求商系数及余数系数。

```
u = [2 7 4 9];
v = [1 0 1];
[q,r] = deconv (u,v)
q = 1×2

    2    7

r = 1×4

   0    2    2
```

3）多项式的求根

roots()函数用于计算系数向量表示的单变量多项式的根。MATLAB 以列向量形式返回这些根。

例 1.8 创建一个向量以表示多项式 x^2-x-6，然后计算多项式的根。

```
p = [1 -1 -6];
r = roots (p)
r =

    3
   -2
```

poly () 函数将这些根重新转换为多项式系数。对向量执行运算时，poly () 和 roots () 为反函数，因此 poly（roots（p））返回 p（取决于舍入误差、排序和缩放）。

```
p2 = poly (r)
p2 =

     1    -1    -6
```

对矩阵执行运算时，poly () 函数会计算矩阵的特征多项式。特征多项式的根是矩阵的特征值。因此，roots（poly（A））和 eig（A）将返回相同的答案（取决于舍入误差、排序和缩放）。

将多项式表示为系数向量后，可使用 polyval () 函数计算特定值下的多项式结果。

例 1.9　计算多项式 x^2-x-6 在 $x=2$ 时的值。

```
polyval (p,2)
ans = -4
```

也可以使用 polyvalm () 以矩阵方式计算多项式，此时多项式表达式 $p(x)=4x^5-3x^2+2x+33$ 将变为矩阵表达式 $p(\boldsymbol{X})=4\boldsymbol{X}^5-3\boldsymbol{X}^2+2\boldsymbol{X}+33\boldsymbol{I}$，其中，$\boldsymbol{X}$ 是方阵，$\boldsymbol{I}$ 是单位矩阵。

例 1.10　创建方阵 $\boldsymbol{X}$，并根据 $\boldsymbol{X}$ 计算相应的矩阵表达式结果。

```
P =[4 0 0 -3 2 33];
X = [2 4 5; -1 0 3; 7 1 5];
Y = polyvalm (p,X)
Y =

    27     9    42
    20    -7     7
    41    32    52
```

1.2.3　常用控制流与 M 文件

MATLAB 平台上的控制流包括顺序结构、条件分支结构和循环结构，这些控制流结构的算法及使用与其他计算机编程语言是类似的，这里主要介绍条件控制和循环控制。

1．条件控制

条件控制语句主要有 if 语句和 switch 语句。

1）if 语句

条件控制语句可用于在运行时选择要执行的代码块，最常用的条件控制语句为 if 语句，主要有以下三种结构形式，如表 1.3 所示。

表 1.3 if 语句的三种结构形式

	单分支结构	双分支结构	多分支结构
语句结构	if expr （commands） end	if expr （commands1） else （commands2） end	if expr1 （commands） elseif expr2 （commands） … else （commandsk） end
语句说明	当 expr 给出“逻辑 1”时，（commands）命令组才被执行	当 expr 给出“逻辑 1”时，（commands1）命令组被执行；否则，（commands2）被执行	expr1，expr2，… 中，首先给出“逻辑 1”的那个分支的命令组被执行；否则，（commandsk）被执行。该使用方法常被 switch-case 取代

例 1.11 判断输入值的正负性，如果输入的值为正数，则 y = 1；否则，y = 0。

```
x = input ('请输入 x 的值:') ;  %从键盘输入一个数赋值给 x
if x >0
    y=1
else
    y=0
end
```

2）switch 语句

如果在条件判断中希望针对一组已知值测试其相等性，可以使用 switch 语句，其语法结构如下。

```
switch  expression
   case value1
     statements1
   case value1
     statements2
   ...
   otherwise
     statementsn
end
```

switch 结构根据需要进行判决的表达式测试每个 case，直至某个 case 对应的结果为 true 或所有 case 的结果都不符合，MATLAB 执行对应的语句，然后退出 switch 块。

例 1.12 根据在命令提示符下输入的值有条件地显示不同的文本。

```
n = input ('Enter a number: ') ;
switch n
    case -1
        disp ('negative one')
    case 0
```

```
        disp ('zero')
    case 1
        disp ('positive one')
    otherwise
        disp ('other value')
end
```

在命令提示符下，输入数字 1，得到结果：

```
positive one
```

重复执行该代码，并在命令提示符下输入数字 3，得到结果：

```
other value
```

对于 if 语句和 switch 语句，MATLAB 执行与第一个 true 条件相对应的代码，然后退出该代码块。每个条件语句都需用 end 关键字结尾。

一般而言，如果具有多个可能的离散已知值，则读取 switch 语句比读取 if 语句更容易。

2．循环控制

循环控制主要有 for 循环语句和 while 循环语句。

1）for 循环语句

在 for 循环语句中，循环次数是特定的，并通过递增的索引变量跟踪每次迭代。在进行 for、while 等循环前，对于循环过程中不断变化的变量应预先分配足够大的数组，从而避免 MATLAB 频繁地进行变量数组重生成操作，提高运算速度。

例 1.13　预分配一个 10 个元素的向量并计算其中的 5 个值。

```
x = ones (1,10) ;  %预分配一个 10 个元素的向量，也可以用 zeros (1,10)
for n = 2:6
x (n) = 2 * x (n - 1) ;
end
```

2）while 循环语句

在 while 循环语句中，只要条件仍然为 true，就进行循环。

例 1.14　使用 while 循环计算 6!。

```
n = 6;
f = n;
while n > 1
    n = n-1;
    f = f*n;
end
disp (['n! = ' num2str (f) ])  % 显示 6!的计算结果
n! = 720
```

注意：每种循环语句都需用 end 关键字结尾。在写程序时，最好对循环进行缩进处理以便于阅读，特别是使用嵌套循环时（一个循环包含另一个循环）。

例 1.15 分别使用 while 和 if 语句，利用区间二分法求多项式 x^3-2x-5 的根。

```
a = 0; fa = -Inf;
b = 3; fb = Inf;
while b-a > eps*b
  x = (a+b) /2;
  fx = x^3-2*x-5;
  if sign (fx) == sign (fa)
    a = x; fa = fx;
  else
    b = x; fb = fx;
  end
end
x
```

结果生成多项式 x^3-2x-5 的根，即

x =

  2.0946

3. 向量化编程

提高 MATLAB 程序的运行速度的一种方法是向量化构造程序时所使用的算法。在其他编程语言必须使用循环体的情况下，MATLAB 可使用向量或矩阵运算代替循环运算。

例 1.16 分别采用循环结构和向量化编程对一组数据求对数。

```
x = .01;
for k = 1:1001
  y (k) = log10 (x) ;
  x = x + .01;
end
```

相同代码段的向量化程序：

```
x = .01:.01:10;
y = log10 (x) ;
```

4. 基本程序文件

MATLAB 中的基本程序文件包括脚本文件和函数文件。

1）脚本文件

对于比较简单的运算过程，在命令行窗口中直接输入命令并运行计算是非常方便的。如果命令行较多，或运算逻辑的复杂度较大，并存在大量的重复计算，这时使用脚本文件最为合适。脚本是最简单的程序文件类型，可用于自动执行一系列 MATLAB 命令。

可以通过以下几种方法创建脚本文件：通过高亮显示“命令历史记录”中的命令，右击，然后选择“创建脚本”选项；或者单击主页选项卡上的“新建脚本”按钮；或者使用 edit () 函数。例如，edit new_file_name 会创建（如果不存在相应文件）并打开 new_file_name 文件。

如果 new_file_name 未指定，MATLAB 将打开一个名为 Untitled 的新文件。

创建脚本文件后，就可以向其中添加代码并保存文件。

例 1.17　生成从 0 到 100 的随机数的代码，保存为名为 numGenerator.m 的脚本。

```
columns = 10000;
rows = 1;
bins = columns/100;

rng (now) ;
list = 100*rand (rows,columns) ;
histogram (list,bins)
```

保存脚本并使用以下方法之一运行代码：在命令行上键入脚本名称并按回车键。例如，要运行 numGenerator.m 脚本，首先键入“numGenerator”；然后单击编辑器选项卡上的“运行”按钮。

脚本文件执行完毕后，文件中的所有变量会保留在 MATLAB 工作区中。

2）函数文件

脚本是最简单的程序类型，因为它们存储命令的方式与在命令行中键入命令完全相同。函数文件因可以传递输入值并返回输出值而能够提供更大的灵活性。

例 1.18　分别以创建脚本和函数文件的方式计算三角形的面积，并命名为 triarea.m。

```
b = 5;  %三角形的底边长度
h = 3;  %三角形的高
a = 0.5* (b.*h)
```

保存文件后，可以从命令行中调用该脚本：

```
triarea
a =
7.5000
```

如果使用同一脚本计算另一个三角形区域，可以更新 b 和 h 在脚本中的值，每次运行脚本时，它都会将结果存储在名为 a 的变量（位于基础工作区中）中。

我们也可以通过将脚本转换为函数来提升程序的灵活性，无须每次手动更新脚本。用函数声明语句替换向 b 和 h 赋值的语句。声明包括 function 关键字、输入和输出参数的名称及函数名称。

```
function a = triarea (b,h)
a = 0.5* (b.*h) ;
end
```

保存该文件后，可以从命令行调用具有不同的底边值和高度值的函数，而不用修改脚本。

```
a1 = triarea (1,5)
a2 = triarea (2,10)
a3 = triarea (3,6)
a1 =
2.5000
a2 =
10
```

```
a3 =
9
```

函数文件内部的变量在执行后将保存在 MATLAB 为之开辟的临时工作区，因此，对函数 triarea 的任何调用都不会覆盖 a 在基础工作区中的值。但该函数会将结果指定给变量 a1、a2 和 a3。

1.2.4 基本绘图方法

在科学研究中，将数学公式和数据以图表的形式表现，可以科学有效地展示变量的具体物理含义及大量数据的内在联系和规律。MATLAB 拥有大量简单、灵活、易用的图形绘制命令，并且通过对图形的线型、颜色、标记、观察角度、坐标轴范围等属性进行设置，将大量数据的内在联系和规律表现得更加细腻、完善。

平面上的点可以用二元实数标量对（x_0, y_0）表示，二元实数标量数组[（x_1, y_1）（x_2, y_2）…（x_n, y_n）]表示平面上的一组点。对于离散函数表达式 $Y=f(X)$，当 X 为一维标量数组$[x_1, x_2, \cdots, x_n]$时，根据函数关系可以求出 Y 相应的一维标量$[y_1, y_2, \cdots, y_n]$。

1. 基本二维绘图命令

利用 plot 命令可以创建一个简单的二维线图并标记坐标区，通过更改线条颜色、线型和添加标记来自定义线图的外观。最典型的调用格式为

```
plot (x,y,'s')
```

其中，x, y 是长度相同的一维数组，分别指定采样点的横坐标和纵坐标。第三个输入量 's' 是字符串，用来指定“离散点型”“连续线型”“点线色彩”。没有第三个输入量时，plot 将使用默认设置——“蓝色细实线”。

例 1.19 绘制从 0 到 2π 之间的正弦函数值。

```
x = linspace (0,2*pi,100);
y = sin (x);
plot (x,y)
```

正弦函数曲线如图 1.3 所示。

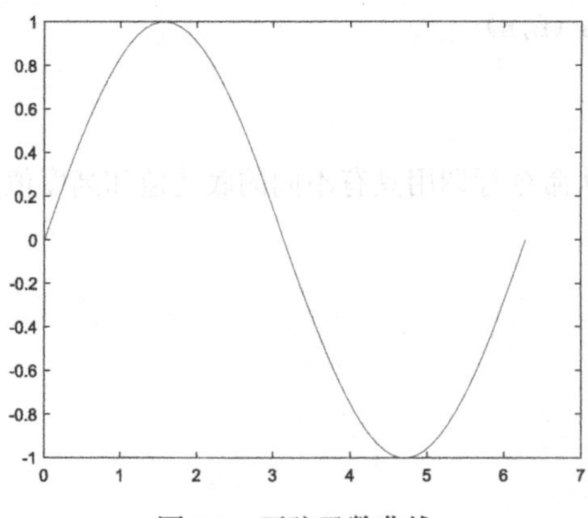

图 1.3 正弦函数曲线

默认情况下，MATLAB 会在执行每个绘图命令之前自动清空当前的图窗。使用 figure 命令打开一个新的图形窗口。可以使用 hold on 命令在同一个图形窗口中绘制多个线条。在使用 hold off 命令或关闭窗口之前，当前图形窗口中会显示所有的绘图。

例 1.20　在同一个图形窗口中绘制从 0 到 2π 之间的正弦和余弦函数值。

```
figure
x = linspace (0,2*pi,100) ;
y = sin (x) ;
plot (x,y)
hold on
y2 = cos (x) ;
plot (x,y2)
hold off
```

在同一个图形窗口中绘制的不同线型曲线如图 1.4 所示。

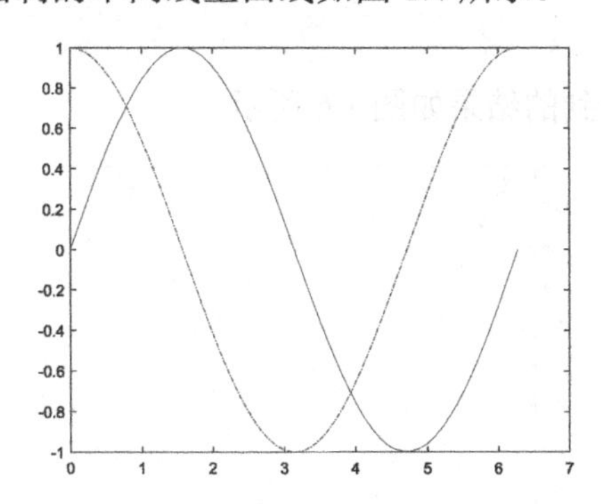

图 1.4　在同一个图形窗口中绘制的不同线型曲线

2．图形的属性设置

1）标记坐标区并添加标题

```
xlabel ('x')
ylabel ('sin (x) 、cos (x) ')
title ('Plot of the sin&cos Function')
```

使用上述命令绘图，得到的结果如图 1.5 所示。

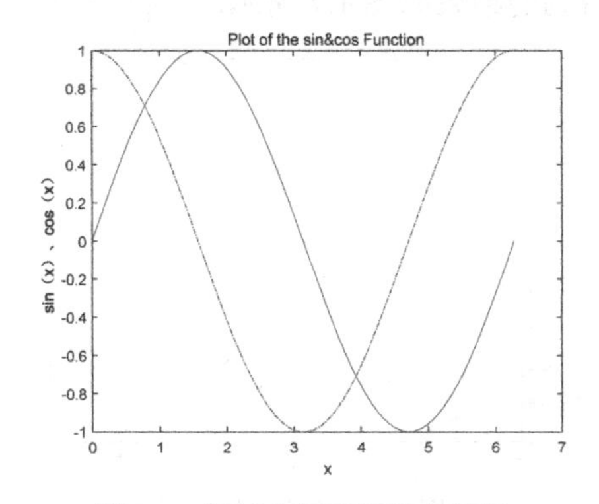

图 1.5　标记坐标区并添加标题

2）更改线条外观

通过 plot 函数中可选的线条设定（第三个输入），可以更改线条颜色、线型或添加标记。例如，':'用于绘制点线，'g:'用于绘制绿色点线，'g:*'用于绘制带有星号标记的绿色点线，'*'用于绘制不带线条的星号标记。

例 1.21　用点线绘制从 0 到 2π 之间的正弦函数，使用带有圆形标记的红色虚线（因为图书为黑白印刷，所以书中的图无法显示红色，实际命令运行出来的结果显示红色）绘制余弦曲线。

```
x = linspace (0,2*pi,50) ;
y = sin (x) ;
plot (x,y,':')
hold on
y2 = cos (x) ;
plot (x,y2,'--ro')
hold off
```

使用上述命令绘图，得到的结果如图 1.6 所示。

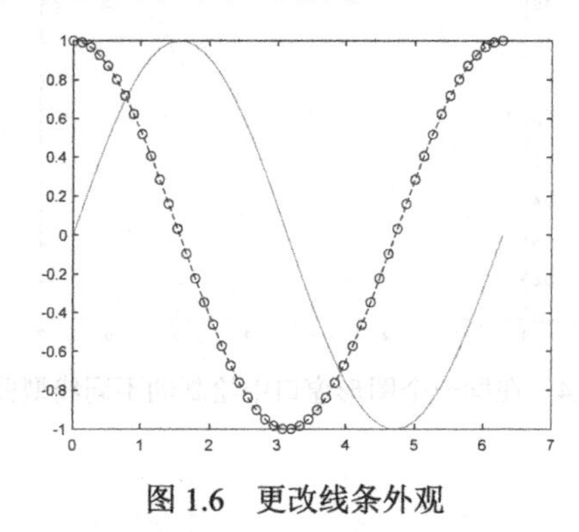

图 1.6　更改线条外观

可以忽略线条设定中的线型选项，仅绘制数据点。

```
x = linspace (0,2*pi,25) ;
y = sin (x) ;
plot (x,y,'o')
```

使用上述命令绘图，得到的结果如图 1.7 所示。

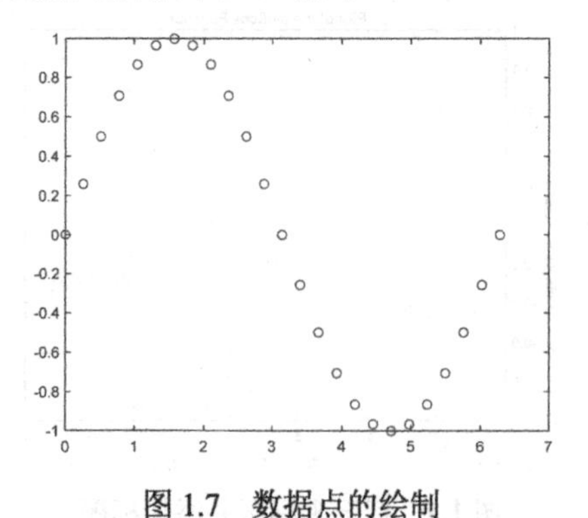

图 1.7　数据点的绘制

3）更改线条对象的属性

通过更改用来创建绘图的 Line 对象的属性，还可以自定义绘图的外观。

例 1.22　创建一个线图，将创建的 Line 对象赋给变量 ln，画面上显示常用属性，如 Color、LineStyle 和 LineWidth。

```
x = linspace (0,2*pi,25) ;
y = sin (x) ;
ln = plot (x,y)
```

执行上述命令后，显示结果：

```
ln = 

  Line - 属性:

            Color: [0 0.4470 0.7410]
        LineStyle: '-'
        LineWidth: 0.5000
           Marker: 'none'
       MarkerSize: 6
  MarkerFaceColor: 'none'
            XData: [1×25 double]
            YData: [1×25 double]
            ZData: [1×0 double]
```

由图 1.8 可以看出，在默认线条对象的属性中，总是用宽度为 0.5 的蓝色（因为图书为黑白印刷，所以书中的图显示不了蓝色，实际的命令运行结果是显示蓝色的）细实线进行曲线绘制。下面使用圆点表示法访问线图的各个属性并进行修改。

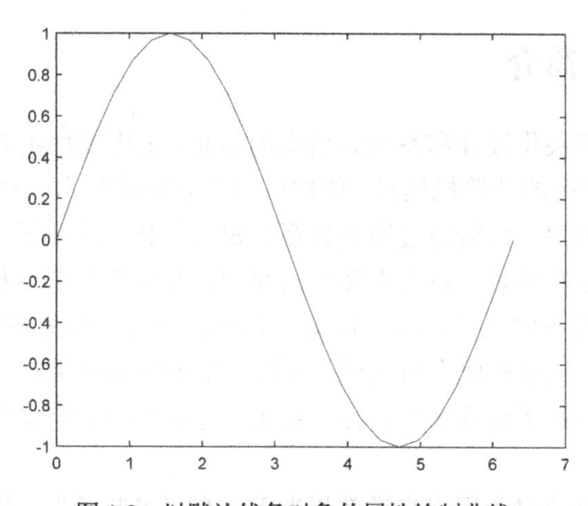

图 1.8　以默认线条对象的属性绘制曲线

例 1.23　将图 1.8 所示的线宽更改为 2 磅，并将线条颜色设置为 RGB 三元组颜色值，在本例中为 [0 0.5 0.5]，同时添加蓝色（因为图书为黑白印刷，所以书中的图显示不了蓝色和绿色，实际的命令运行结果显示线条为绿色，圆形为蓝色）圆形标记。

```
ln.LineWidth = 2;
ln.Color = [0 0.5 0.5];
ln.Marker = 'o';
ln.MarkerEdgeColor = 'b';
```

使用上述命令绘图，得到的结果如图 1.9 所示。

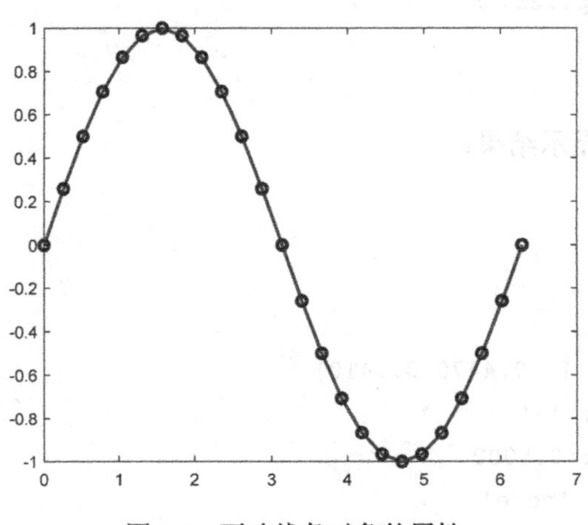

图 1.9　更改线条对象的属性

1.3　控制系统 Simulink 仿真环境

Simulink 是 MATLAB 系列工具软件包中最重要的组成部分，它向用户提供了一个动态系统建模、仿真和综合分析的集成环境。Simulink 主要用来实现对工程问题的模型化及动态仿真，广泛应用于控制系统、电力系统、通信系统。

1.3.1　Simulink 简介

Simulink 体现了模块化设计和系统级仿真的思想，采用模块组合的方法使用户能够快速、准确地创建动态系统的计算机模型，使建模仿真如同搭积木一样简单。在这个环境中，用户无须书写大量的程序，只需通过简单直观的鼠标操作，选取适当的库模块，即可构造出复杂的仿真模型。它在外表上以方框图形式呈现，且采用分层结构。从建模角度讲，这种模型既适用于自上而下的设计流程（概念、功能、系统、子系统直至器件），又适用于自下而上的逆程设计。从分析研究角度讲，这种模型不仅能让用户了解具体环节的动态细节，而且能让用户清晰地了解各器件、各子系统、各系统间的信息交换，掌握各部分之间的交互影响。

Simulink 的每个模块对于用户来说都相当于一个“黑匣子”，用户只需了解模块的输入、输出及模块功能即可，而不必了解模块内部是怎么实现的。因此，用户使用 Simulink 进行系统建模的任务，就是选择合适的模块并把它们按照自己的模型结构连接起来，最后进行调试和仿真。如果仿真结果不满足要求，则可以改变模块的相关参数再运行仿真，直到结果满足要求为止。

通常，Simulink 仿真系统包括输入（Input）、状态（States）和输出（Output）三个部分，如图 1.10 所示。

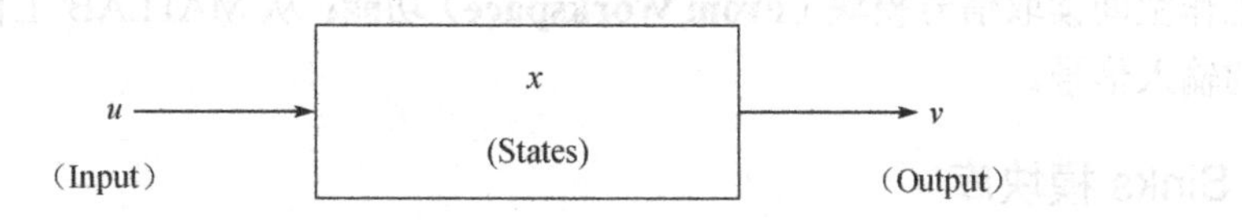

图 1.10 Simulink 仿真系统的三个部分

1.3.2 Simulink 的基本模块

模块库的作用是提供各种基本模块，并将它们按应用领域及功能进行分类管理，以方便用户查找。库浏览器将各种模块库按树状结构进行罗列，以便用户快速地查询所需模块，同时它提供了按名称查找的功能。库浏览器中模块的多少取决于用户安装的库的数量，但至少应该有 Simulink 库，用户还可以自定义库。

模块是 Simulink 建模的基本元素，了解各个模块的作用是熟练掌握 Simulink 的基础。库中各个模块的功能可以在库浏览器中查到。下面主要介绍 Simulink 库中的常用输入/输出模块、数学运算模块及连续模块的功能。

1. Sources 模块库

在库浏览器中选择 Sources 库，界面会显示其包含的模块，Sources 库模块如图 1.11 所示。其中常用的输入模块的主要功能如下所述。

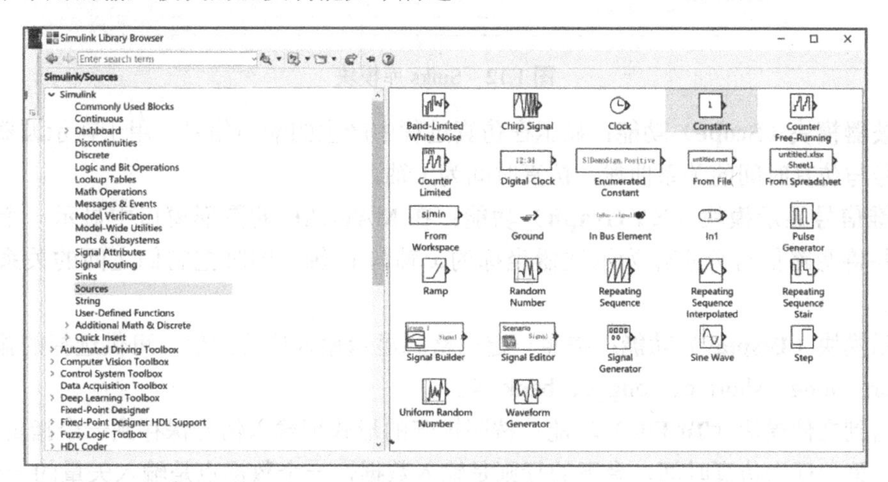

图 1.11 Sources 库模块

输入常数模块（Constant）功能： 产生一个常数。该常数可以是实数，也可以是复数。

阶跃输入模块（Step）功能： 产生一个阶跃信号。

信号源发生器模块（Signal Generator）功能： 产生不同的信号，其中包括正弦波、方波、锯齿波信号。

从文件读取信号模块（From File）功能：从一个 MAT 文件中读取信号，读取的信号为一个矩阵，矩阵的格式与 To File 模块中介绍的矩阵格式相同。如果矩阵在同一采样时间有两个或者更多的列，则数据点的输出是首次出现的列。

从工作空间读取信号模块（From Workspace）功能：从 MATLAB 工作空间读取信号作为当前的输入信号。

2. Sinks 模块库

在库浏览器中选择 Sinks 库，界面会显示其包含的模块，Sinks 库模块如图 1.12 所示。其中常用的输出模块的主要功能如下所述。

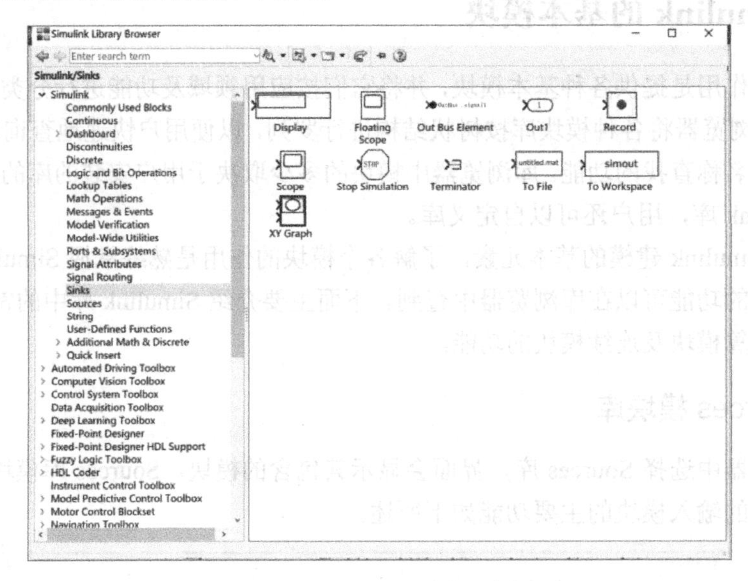

图 1.12　Sinks 库模块

示波器模块（Scope）功能：显示在仿真过程中产生的输出信号，用于在示波器中显示输入信号与仿真时间的关系曲线，仿真时间为 x 轴。

二维信号显示模块（XY Graph）功能：在 MATLAB 的图形窗口中显示一个二维信号图，并将两路信号分别作为示波器坐标的 x 轴与 y 轴，同时把它们之间的关系图形显示出来。

显示模块（Display）功能：按照一定的格式显示输入信号的值。可供选择的输出格式包括 short、long、short_e、long_e、bank 等。

输出到文件模块（To File）功能：按照矩阵的形式把输入信号保存到一个指定的 MAT 文件中。第一行为仿真时间，余下的行则是输入数据，一个数据点是输入矢量的一个分量。

输出到工作空间模块（To Workspace）功能：把信号保存到 MATLAB 的当前工作空间，这是另一种输出方式。

3. Math Operations 模块库

在库浏览器中选择 Math Operations 库，界面会显示其包含的模块，Math Operations 库模块如图1.13所示。其中常用的数学运算模块的主要功能如下所述。

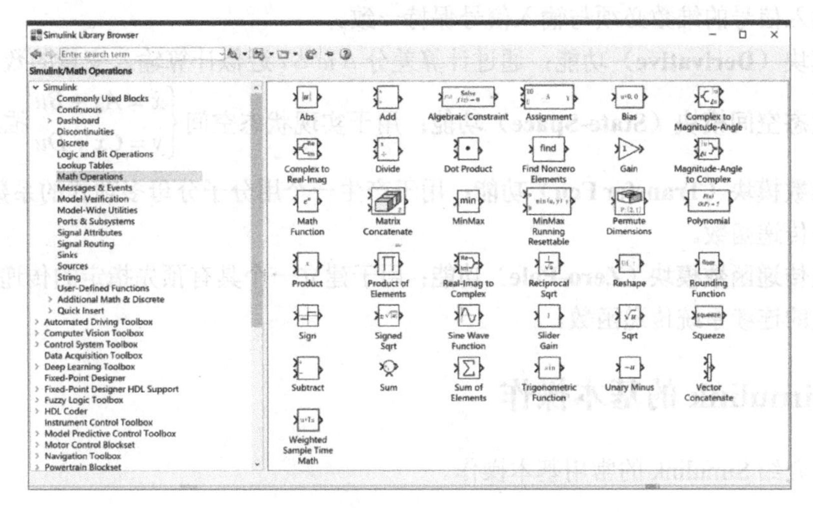

图1.13　Math Operations 库模块

求和模块（Sum）功能： 用于对多路输入信号进行加减运算，并输出结果。

乘法模块（Product）功能： 用于实现对多路输入的乘积、商、矩阵乘法或者模块的转置等。

矢量的点乘模块（Dot Product）功能： 用于实现输入信号的点积运算。

增益模块（Gain）功能： 把输入信号乘以一个指定的增益因子，该增益可以是标量或矩阵。

4．Continuous 模块库

在库浏览器中选择 Continuous 库，界面会显示其包含的模块，Continuous 库模块如图1.14所示。其中常用的连续模块的主要功能如下所述。

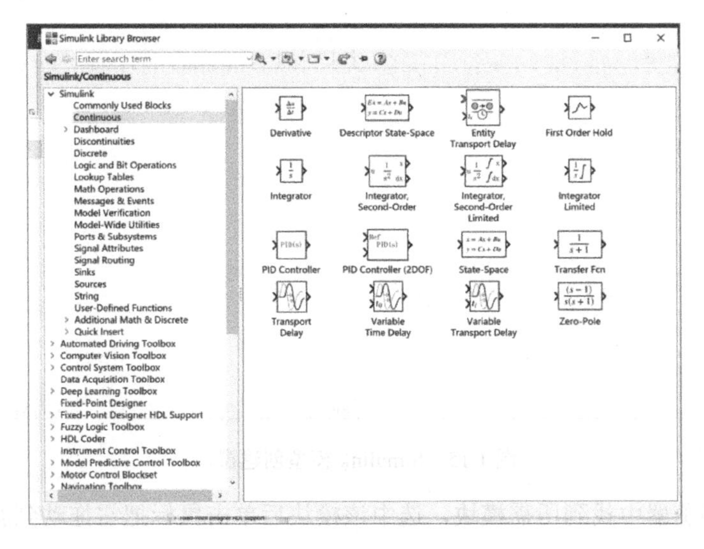

图1.14　Continuous 库模块

积分模块（Integrator）功能：对输入变量进行积分。模块的输入可以是标量，也可以是矢量；输入信号的维数必须与输入信号保持一致。

微分模块（Derivative）功能：通过计算差分 $\Delta u/\Delta t$ 近似计算输入变量的数值微分。

线性状态空间模块（State-Space）功能：用于实现状态空间 $\begin{cases}\dot{x}=Ax+Bu\\ y=Cx+Du\end{cases}$ 描述的系统。

传递函数模块（Transfer Fcn）功能：用于产生一个用分子分母多项式的系数向量表示的连续系统传递函数。

零极点传递函数模块（Zero-Pole）功能：用于建立一个具有预先指定的传递函数零点、极点和增益的连续系统传递函数。

1.3.3　Simulink 的基本操作

本节将介绍 Simulink 的常用基本操作。

1．新建仿真模型文件

在 MATLAB 的命令行窗口中直接输入 Simulink 命令或者单击 MATLAB 主页选项卡中的 按钮，打开 Simulink 浏览器窗口，单击“Blank Model”按钮，弹出如图 1.15 所示的 Simulink 模型创建窗口。

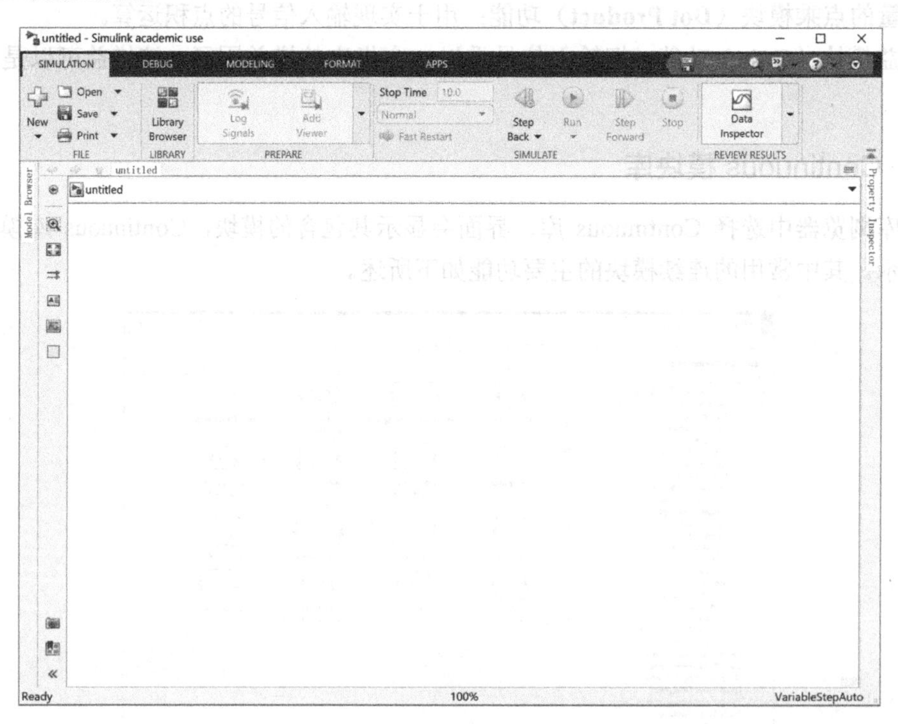

图 1.15　Simulink 模型创建窗口

在模块库浏览器中找到所需模块，选中该模块后单击鼠标把它拖动到新建的模型窗口中松开鼠标。

2. 设置仿真参数

选择“MODELING”→“Model settings”菜单命令，可以进行仿真参数及算法的设置。选择此选项后会显示仿真参数对话框，如图 1.16 所示。

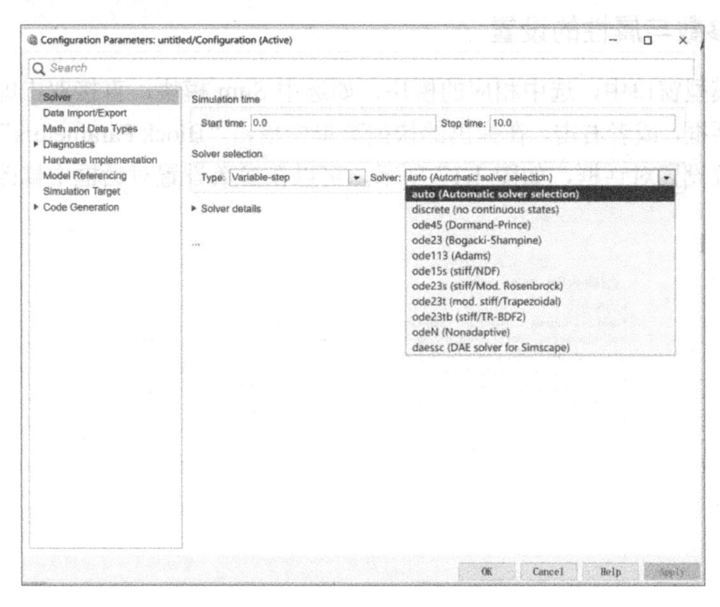

图 1.16　仿真参数对话框

此对话框包含的主要属性页的内容及功能如下。

（1）Solver：用于设置仿真的起始和终止时间，以及积分解法、步长等参数。其中，仿真时间决定了模型仿真的时间或取值区域，其设置完全根据待仿真系统的特性确定，反映在输出显示上就是示波器的横轴坐标值的取值范围。“Start time”和“Stop time”项分别用以设置仿真开始时间（或取值区域下限）和终止时间（或取值区域上限），默认值分别为 0.0 和 10.0。

在 Simulink 的仿真过程中选择合适的算法也是很重要的。仿真算法是求常微分方程、传递函数、状态方程解的数值计算方法，主要有欧拉（Euler）法、亚当斯（Adams）法和龙格-库塔（Runge-Kutta）法。动态系统的差异性使得某种算法对某类问题比较有效，而另一种算法对另一类问题更有效。因此，对于不同的问题，可以选择不同的适应算法和相应的参数，以快速得到更准确的解。

Simulink 提供的常微分方程数值计算方法大致可以分为两类。

① Variable Step：可变步长类算法，在仿真过程中可以自动调整步长，并通过减小步长来提高计算的精度。

② Fixed Step：固定步长类算法，在仿真过程中采取基准采样时间作为固定步长。一般而言，使用变步长的自适应算法是比较好的选择。这类算法会按照设定的精确度在各积分段内自适应地寻找最大步长进行积分，从而提高效率。

（2）Data Import/Export：用于 Simulink 和 MATLAB 工作间数据的输入和输出设定，以及数据存储时的格式、长度等参数设置。

（3）Diagnostics：允许用户选择在仿真过程中警告信息显示等级。

选择适当的算法并设置好其他仿真参数后，单击对话框中的“OK”或“Apply”按钮，使修改的设置生效。

3．模块参数与属性的设置

在建立的模型窗口中，选中相应的模块，如选中 Sum 模块，直接双击即可打开该模块的参数设置对话框，或者右击，在弹出的快捷菜单中单击“Block Parameters”选项，也可弹出该模块的参数设置对话框，如图 1.17 所示，可以在参数设置对话框中修改模块的外观形状和相关参数。

图 1.17 参数设置对话框

4．模块的连接

一般情况下，每个模块都有一个或者多个输入口或者输出口。输入口通常用模块左边的“>”符号表示；输出口用右边的“>”符号表示。把鼠标放到模块的输出口，此时，鼠标将变为“+”，然后拖动鼠标至其他模块的输入口，此时信号线就变成了带有方向箭头的线段，说明这两个模块连接成功，否则需要重新进行连接。

如果某个模块的输出需要作为其他多个模块的输入，可以先连接好单根信号线，然后将鼠标放在已经连接好的信号线上，同时按住“Ctrl”键，拖动鼠标，再连接到另一个模块上。这样就可以根据需要由一个信号源模块，引出多条信号线。

1.3.4 Simulink 的建模示例

下面介绍一个非常简单的示例，旨在使读者对 Simulink 的使用方法有一个感性的认识。

例 1.24 已知 $x=\sin t$，$y=\int_0^t x(t)\mathrm{d}t$，通过 Simulink 显示 x 与 y 之间的关系波形。

（1）在 MATLAB 的命令行窗口中直接输入 Simulink 命令或者单击 MATLAB 主页选项卡中的 按钮，打开 Simulink 浏览器窗口，单击“Blank Model”按钮，弹出如图 1.15 所示的 Simulink 模型创建窗口。

（2）单击“Library Browser”按钮，首先在弹出的 Simulink Library Browser 窗口左侧的仿真树中选中 Sources 库，在右侧选中 Sine Wave 模块并按住鼠标左键不放，将其拖到模型创建窗口中；然后选中 Continuous 库，选中 Integrator 模块并按住鼠标左键不放，将其拖到模型创建窗口中；最后添加 Sinks 库中的 XY Graph 模块，连接模块。模块连接完成后的模型如图 1.18 所示。

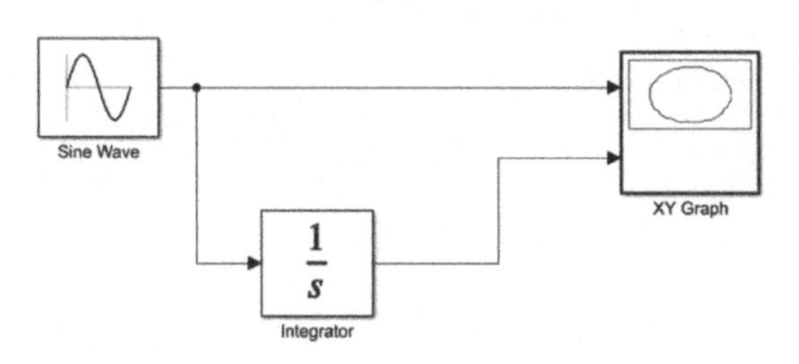

图 1.18　模块连接完成后的模型

（3）设置 XY Graph 模块的参数。双击 XY Graph 模块，弹出如图 1.19 所示的参数设置对话框，设置 x 的范围为−1.2～1.2，y 的范围为 0～2，“Sample time”的值设为−1，然后单击“OK”按钮。

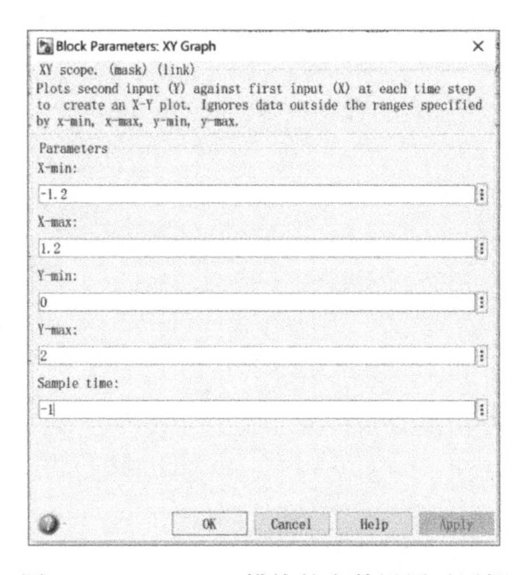

图 1.19　XY Graph 模块的参数设置对话框

（4）运行仿真，输出的图形如图 1.20 所示。

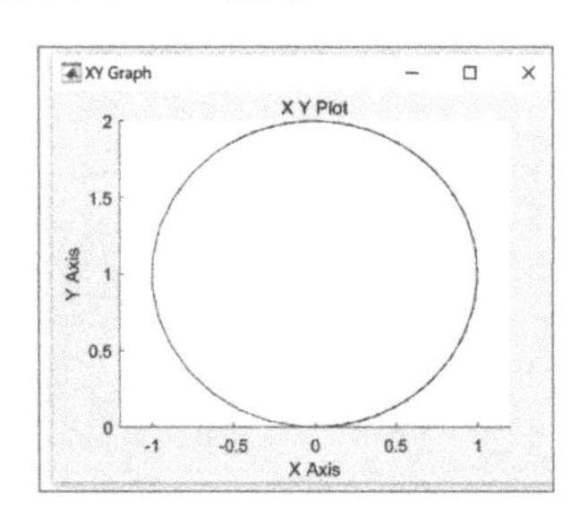

图 1.20　输出的图形

（5）最后将该模型文件保存为 exam1_23.slx 或 exam1_23.mdl，以后操作时就可以直接打开该模型文件并运行该文件。这里需要说明一下，后缀为.slx 的文件是二进制格式文件，后缀为.mdl 的文件是文本格式文件，早期 Simulink 的模型文件为.mdl 格式，.slx 格式是在 MATLAB/Simulink R2012a 版本中引入的，旨在取代之前的.mdl 格式，由于.slx 格式的文件是被压缩处理过的文件，因此文件大小会比相同的.mdl 文件小一些。

第2章 四旋翼无人机虚拟仿真实验平台

2.1 四旋翼无人机机身结构与飞行原理

四旋翼无人机由以下几部分构成：机身支架、动力装置、能源装置、飞行控制器和导航装置、驱动机构、机载信息传输系统及任务载荷。动力装置由四个驱动电机带动四个螺旋桨构成旋翼。能源装置为一整块锂电池。飞行控制器为四旋翼无人机的核心控制模块，由传感器和单片机构成，能够通过内部程序控制无人机的飞行。

四旋翼无人机的结构模式如图 2.1 所示，四旋翼无人机的四个旋翼分布在呈十字交叉型机身的四个顶点上，每个旋翼受到独立的驱动和控制。四个旋翼按照对角线划分为两对旋翼，两对旋翼的旋转方向相反，借助这种独特的机构，相邻的反向旋转的旋翼互相抵消了反扭矩。螺旋桨为定距螺旋桨，四个旋翼电机转速的变化牵引着四个旋翼的升力大小，通过控制四个电机的输出量来实现无人机的姿态和位置控制，省去了复杂的改变桨距角的机身结构。

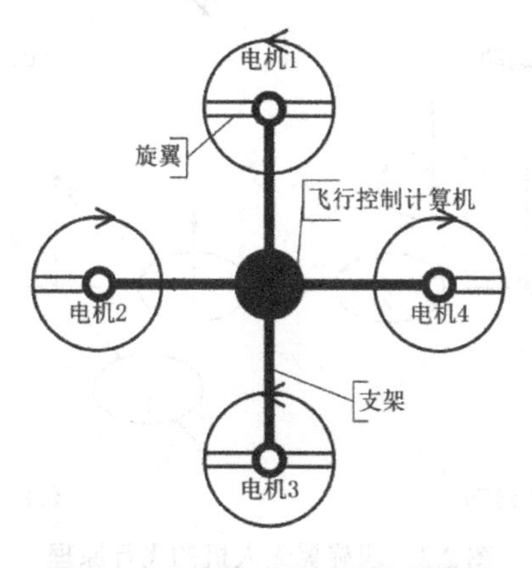

图 2.1　四旋翼无人机的结构模式

四旋翼无人机的飞行原理如图 2.2 所示，忽略无人机的形变和弹性振动，我们把无人机的运动分成六个自由度的刚体运动，其中包含绕三个轴的轴转动和沿三个轴方向的线运动。图中旋翼的箭头向上和向下分别表示该旋翼电机的转速提高和下降。

接下来简要说明四旋翼无人机的飞行原理。

（1）垂直运动。垂直运动的原理比较简单，就是依据四个旋翼的电机转速同时增大或减小来进行上升或者下降运动。

（2）俯仰运动和横滚运动。俯仰运动和横滚运动是机身分别绕图中 Y 轴和 X 轴进行的旋转运动。两种运动的实现方式为两对电机转速分别增大和减小，另两对电机转速不变。

（3）偏航运动。偏航运动为图中绕 Z 轴进行的旋转运动。当四个旋翼的电机转速大小相等时，四个旋翼产生的反扭矩就会相互平衡，无人机保持静止；反之，反扭矩不平衡，四旋翼无人机转动。

（4）前后运动和侧向运动。无人机沿着 X、Y 轴的线运动和俯仰、横滚运动是相互耦合的。无人机发生倾斜以后就会产生水平方向的分力。

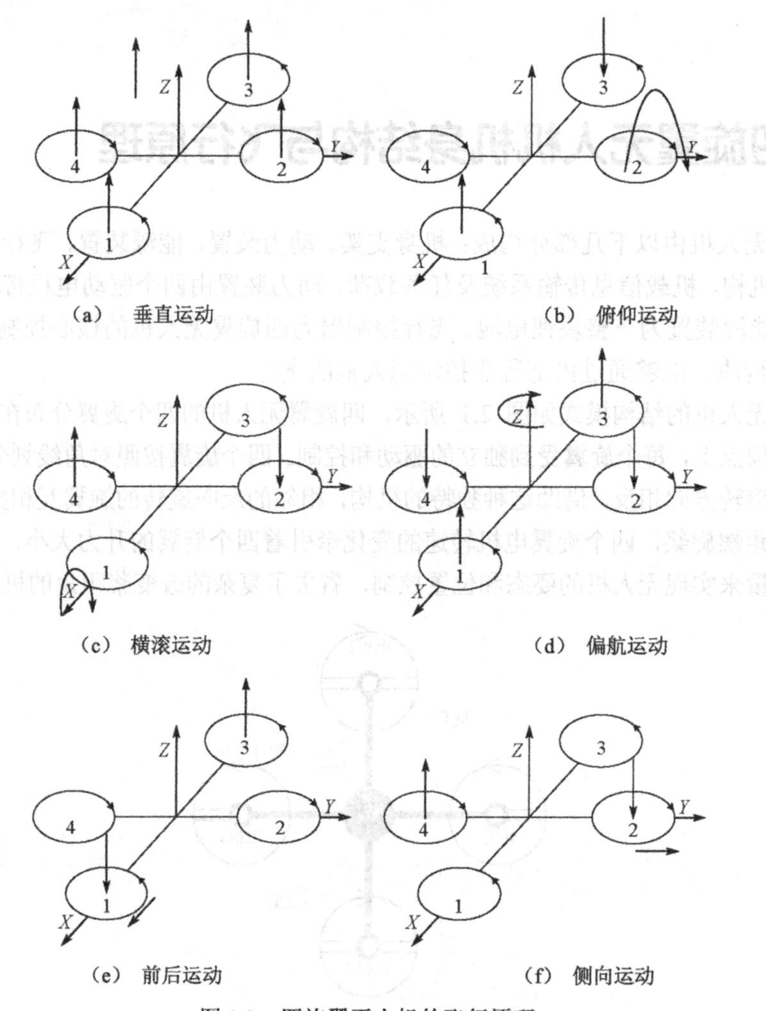

图 2.2　四旋翼无人机的飞行原理

2.2 四旋翼无人机动力学方程

2.2.1 坐标描述及其转换关系

为了建立四旋翼无人机的姿态动力学模型，首先需要建立两个坐标系：惯性坐标系 E（X,Y,Z）和机体坐标系 B（x,y,z），四旋翼无人机坐标系如图 2.3 所示。

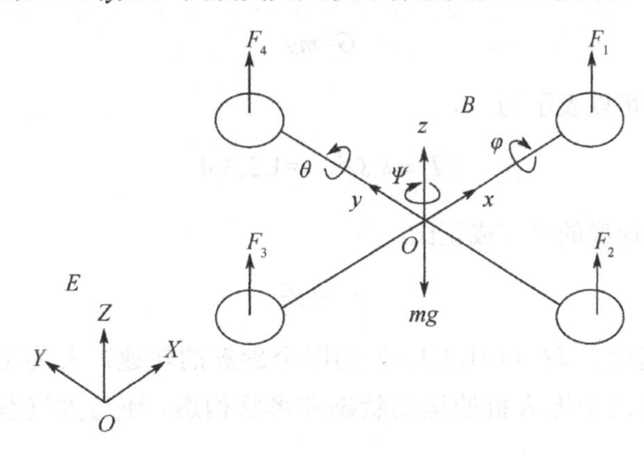

图 2.3　四旋翼无人机坐标系

基于无人机的三个姿态角（偏航角 ψ、俯仰角 θ 和横滚角 φ），可以写出变量从机体坐标系到惯性坐标系的变换矩阵 $\boldsymbol{R}$：

$$\boldsymbol{R}=\begin{bmatrix}\cos\psi\cos\theta & -\sin\psi\cos\varphi+\sin\varphi\sin\theta\sin\psi & \sin\psi\sin\varphi+\cos\psi\sin\theta\cos\varphi \\ \sin\psi\cos\theta & \cos\psi\cos\varphi+\sin\varphi\sin\theta\sin\psi & -\cos\psi\sin\varphi+\sin\psi\sin\theta\cos\varphi \\ -\sin\theta & \cos\theta\sin\varphi & \cos\theta\cos\varphi\end{bmatrix} \tag{2-1}$$

2.2.2 动力学方程的建立

首先，为了方便建立无人机动力学的数学模型，现做如下假设：

（1）假设无人机是刚体，忽略其弹性振动及形变，且质量和转动惯量保持不变；

（2）视地球表面为平面，视重力加速度不会变化；

（3）无人机外形和质量分布是均匀对称的，惯性积 $I_{xy}=I_{yz}=I_{zx}=0$。

根据牛顿第二定律，无人机动力学方程的向量形式为

$$\boldsymbol{F}=m\frac{\mathrm{d}\boldsymbol{V}}{\mathrm{d}t} \tag{2-2}$$

$$\boldsymbol{M}=\frac{\mathrm{d}\boldsymbol{H}}{\mathrm{d}t} \tag{2-3}$$

式中，$\boldsymbol{F}$ 为作用在无人机上的所有外力和；m 为整个无人机的质量；$\boldsymbol{V}$ 为无人机的质心速度；$\boldsymbol{M}$ 为作用在飞机上的所有外力矩之和；$\boldsymbol{H}$ 为无人机相对于惯性坐标系的绝对动量矩。

设 F_x、F_y、F_z，u、v、w，p、q、r 分别为 $\boldsymbol{F}$、$\boldsymbol{V}$、$\boldsymbol{\omega}$ 三个量在机体坐标系三个坐标轴 Ox、Oy、Oz 上的分量。

首先研究无人机的线运动方程，这里只考虑无人机的线性运动，因此可以忽略无人机自身的自转，将其视为一个质点。对无人机进行受力分析，作用在机体上的外力有无人机自身的重力、四个旋翼的升力和空气的阻力。

重力表示为

$$G=mg \tag{2-4}$$

四个旋翼的升力可以表示为

$$T_i = k_t \Omega_i^2,\ i=1,2,3,4 \tag{2-5}$$

空气阻力大小与速度的平方成正比：

$$f=-kV^2 \tag{2-6}$$

式中，g 为重力加速度；Ω_i（i=1,2,3,4）为四个旋翼的转速；k_t 为常系数；k 为阻力系数。通常它们的值取决于无人机的运动状态和形状构造，还与大气参数、空气密度等参量有关。

综合式（2-4）~式（2-6），得到

$$\boldsymbol{F} = -kV^2 - mg + k_t\sum_{i=1}^{4}\Omega_i^2 \tag{2-7}$$

以上各式是在惯性坐标系下建立的，现通过转换矩阵 $\boldsymbol{R}$ 转换到机体坐标系下，得到

$$\boldsymbol{F}=\begin{bmatrix}F_x\\F_y\\F_z\end{bmatrix}=\begin{bmatrix}k_t\sum_{i=1}^{4}\Omega_i^2\left(\sin\psi\sin\varphi+\cos\psi\sin\theta\cos\varphi\right)-ku^2\\ k_t\sum_{i=1}^{4}\Omega_i^2\left(-\cos\psi\sin\varphi+\sin\psi\sin\theta\cos\varphi\right)-kv^2\\ k_t\sum_{i=1}^{4}\Omega_i^2\left(\cos\theta\cos\varphi\right)-mg-kw^2\end{bmatrix} \tag{2-8}$$

得到四旋翼无人机线性运动方程：

$$\begin{cases}\dot{u}=\left[k_t\sum_{i=1}^{4}\Omega_i^2\left(\sin\psi\sin\varphi+\cos\psi\sin\theta\cos\varphi\right)-ku^2\right]\Big/m\\ \dot{v}=\left[k_t\sum_{i=1}^{4}\Omega_i^2\left(-\cos\psi\sin\varphi+\sin\psi\sin\theta\cos\varphi\right)-kv^2\right]\Big/m\\ \dot{w}=-g+\left[k_t\sum_{i=1}^{4}\Omega_i^2\left(\cos\theta\cos\varphi\right)-kw^2\right]\Big/m\end{cases} \tag{2-9}$$

现在讨论角运动方程，角速度 p、q、r 与姿态角 φ、θ、$\varPsi$ 的关系如下：

$$\begin{bmatrix}\dot{\varphi}\\\dot{\theta}\\\dot{\psi}\end{bmatrix}=\begin{bmatrix}1 & \sin\varphi\tan\theta & \cos\varphi\tan\theta\\0 & \cos\varphi & -\sin\varphi\\0 & \sin\varphi/\cos\theta & \cos\varphi/\cos\theta\end{bmatrix}\begin{bmatrix}p\\q\\r\end{bmatrix} \tag{2-10}$$

根据式（2-3）和欧拉方程可以得到刚体绕三轴旋转的力矩平衡方程：

$$\begin{bmatrix}M_x\\M_y\\M_z\end{bmatrix}=\begin{bmatrix}\dot{p}I_x+qr\left(I_z-I_y\right)\\\dot{q}I_y+pr\left(I_x-I_z\right)\\\dot{r}I_z+pq\left(I_y-I_x\right)\end{bmatrix} \tag{2-11}$$

式中，M_x、M_y、M_z 分别是四旋翼无人机的合力矩在机体坐标系三个轴 O_x 轴、O_y 轴、O_z 轴上的分量；I_x、I_y、I_z 分别是四旋翼无人机在机体坐标系三个轴 O_x 轴、O_y 轴、O_z 轴上的转动惯量。

现对无人机的姿态运动进行受力分析。无人机主要受三部分的合外力：

（1）对角线两个转速不同的旋翼产生的升力差会使无人机产生旋转，升力差产生的力矩在机体坐标系下沿着 x 轴、y 轴方向会存在分量；

（2）旋翼高速旋转时，机体会有一个反扭转力，这个力在机体坐标系下沿着 z 轴方向；

（3）旋翼和机体的陀螺效应产生的力。

根据牛顿力学原理，两相对旋翼在姿态运动下产生的力矩为

$$\tau_x=l\left(T_4-T_2\right)=lk_t\left(\Omega_4^2-\Omega_2^2\right) \tag{2-12}$$

$$\tau_y=l\left(T_1-T_3\right)=lk_t\left(\Omega_1^2-\Omega_3^2\right) \tag{2-13}$$

式中，l 表示四旋翼无人机质心与旋翼中心转轴之间的距离；τ_x、τ_y 表示对角线上的旋翼升力差造成的力矩。

分析得到，旋翼在旋转过程中会受到反扭转力，力的方向与旋翼旋转方向相反，记为 D_i。

$$D_i=k_d\Omega_i^2 \tag{2-14}$$

式中，k_d 为反扭力矩系数，与空气密度与旋翼参数有关。沿着 z 轴的反扭力矩大小可表示为

$$\tau_z=l\left(D_1-D_2+D_3-D_4\right)=lk_d\left(\Omega_1^2-\Omega_2^2+\Omega_3^2-\Omega_4^2\right) \tag{2-15}$$

由运动学理论可知，在机体坐标系下陀螺效应对旋翼产生一定的力矩，力矩沿着 x 轴、y 轴方向的分量为

$$\tau_{gxi} = \boldsymbol{q} \times J_r \boldsymbol{\Omega}_i = -J_r q \Omega_i \boldsymbol{x}_b, \quad i = 1,2,3,4 \tag{2-16}$$

$$\tau_{gyi} = \boldsymbol{p} \times J_r \boldsymbol{\Omega}_i = -J_r p \Omega_i \boldsymbol{y}_b, \quad i = 1,2,3,4 \tag{2-17}$$

式中，J_r 为旋翼在机体坐标系下的转动惯量；$\boldsymbol{x}_b$、$\boldsymbol{y}_b$ 为机体坐标系下 x 轴、y 轴的正方向。

无人机的旋翼在旋转过程中，假设旋翼受到的空气阻力大小与其旋转的角速度成正比，我们可以将空气阻力的力矩表示为

$$\begin{cases} \tau_{dx} = k_a p \\ \tau_{dy} = k_a q \\ \tau_{dz} = k_a r \end{cases} \tag{2-18}$$

由式（2-10）~式（2-18）综合可得四旋翼无人机受到的沿着机体坐标系各个轴的合力矩为

$$\begin{bmatrix} M_x \\ M_y \\ M_z \end{bmatrix} = \begin{bmatrix} lk_t\left(\Omega_4^2 - \Omega_2^2\right) - J_r q\left(\Omega_1 - \Omega_2 + \Omega_3 - \Omega_4\right) - k_a p \\ lk_t\left(\Omega_1^2 - \Omega_3^2\right) - J_r p\left(\Omega_1 - \Omega_2 + \Omega_3 - \Omega_4\right) - k_a q \\ lk_d\left(\Omega_1^2 - \Omega_2^2 + \Omega_3^2 - \Omega_4^2\right) - k_a r \end{bmatrix} \tag{2-19}$$

综合式（2-10）、式（2-11）及式（2-19），得到四旋翼无人机的动力学方程：

$$\begin{cases} \dot{p} = \dfrac{lk_t}{I_x}\left(\Omega_4^2 - \Omega_2^2\right) - \dfrac{J_r q}{I_x}\left(\Omega_1 - \Omega_2 + \Omega_3 - \Omega_4\right) - qr\dfrac{\left(I_z - I_y\right)}{I_x} - \dfrac{k_a}{I_x}p \\ \dot{q} = \dfrac{lk_t}{I_y}\left(\Omega_1^2 - \Omega_3^2\right) - \dfrac{J_r p}{I_y}\left(\Omega_1 - \Omega_2 + \Omega_3 - \Omega_4\right) - pr\dfrac{\left(I_x - I_z\right)}{I_y} - \dfrac{k_a}{I_y}q \\ \dot{r} = \dfrac{lk_d}{I_z}\left(\Omega_1^2 - \Omega_2^2 + \Omega_3^2 - \Omega_4^2\right) - pq\dfrac{\left(I_y - I_x\right)}{I_z} - \dfrac{k_a}{I_z}r \\ \dot{\varphi} = p + q\sin\varphi\tan\theta + r\cos\varphi\tan\theta \\ \dot{\theta} = q\cos\varphi - r\sin\varphi \\ \dot{\psi} = q\sin\varphi/\cos\theta + r\cos\varphi/\cos\theta \end{cases} \tag{2-20}$$

在无人机正常飞行时，其绕机体坐标系三个轴的角速度比较小，因此可以近似看成和无人机绕惯性坐标系三个轴的角速度相等，用公式表示为 $p=\dot{\varphi}, q=\dot{\theta}, r=\dot{\psi}$，带入式（2-20），可简化模型。

$$\begin{cases}\ddot{\varphi}=\dfrac{lk_t}{I_x}\left(\Omega_4^2-\Omega_2^2\right)-\dfrac{J_r\dot{\theta}}{I_x}(\Omega_1-\Omega_2+\Omega_3-\Omega_4)-\dot{\theta}\dot{\psi}\dfrac{\left(I_z-I_y\right)}{I_x}-\dfrac{k_a}{I_x}\dot{\varphi}\\ \ddot{\theta}=\dfrac{lk_t}{I_y}\left(\Omega_1^2-\Omega_3^2\right)-\dfrac{J_r\dot{\varphi}}{I_y}(\Omega_1-\Omega_2+\Omega_3-\Omega_4)-\dot{\varphi}\dot{\psi}\dfrac{\left(I_x-I_z\right)}{I_y}-\dfrac{k_a}{I_y}\dot{\theta}\\ \ddot{\psi}=\dfrac{lk_d}{I_z}\left(\Omega_1^2-\Omega_2^2+\Omega_3^2-\Omega_4^2\right)-\dot{\varphi}\dot{\theta}\dfrac{\left(I_y-I_x\right)}{I_z}-\dfrac{k_a}{I_z}\dot{\psi}\end{cases} \tag{2-21}$$

2.2.3 姿态角模型简化

在前面建模的假设基础上，进一步进行姿态角模型的简化。设$U_1 \sim U_4$为系统的控制量，现定义如下：U_1控制z轴方向的线运动，U_2控制横滚姿态和y轴方向的线运动，U_3控制俯仰姿态和x轴方向的线运动，U_4控制偏航姿态。

$$\begin{cases}U_1=k_t\left(\Omega_1^2-\Omega_2^2+\Omega_3^2-\Omega_4^2\right)\\ U_2=k_t\left(\Omega_4^2-\Omega_2^2\right)\\ U_3=k_t\left(\Omega_1^2-\Omega_3^2\right)\\ U_4=k_d\left(\Omega_1^2-\Omega_2^2+\Omega_3^2-\Omega_4^2\right)\\ \Omega=\left(\Omega_1-\Omega_2+\Omega_3-\Omega_4\right)\end{cases} \tag{2-22}$$

得到

$$\begin{cases}\ddot{\varphi}=\dfrac{lU_2}{I_x}-\dfrac{J_r\dot{\theta}}{I_x}\Omega-\dot{\theta}\dot{\psi}\dfrac{\left(I_z-I_y\right)}{I_x}-\dfrac{k_a}{I_x}\dot{\varphi}\\ \ddot{\theta}=\dfrac{lU_3}{I_y}-\dfrac{J_r\dot{\varphi}}{I_y}\Omega-\dot{\varphi}\dot{\psi}\dfrac{\left(I_x-I_z\right)}{I_y}-\dfrac{k_a}{I_y}\dot{\theta}\\ \ddot{\psi}=\dfrac{lU_4}{I_z}-\dot{\varphi}\dot{\theta}\dfrac{\left(I_y-I_x\right)}{I_z}-\dfrac{k_a}{I_z}\dot{\psi}\end{cases} \tag{2-23}$$

在式（2-23）中，描述横滚角和俯仰角的右边第一项为旋翼空气动力学效应（包括升力和阻力矩），第二项为旋翼陀螺效应，第三项为机体陀螺效应，第四项为空气阻力效应。描述偏航角的右边第一项为旋翼空气动力学效应，第二项为机体陀螺效应，第三项为空气阻力效应。

令$a_{\theta1}=-\dfrac{k_a}{I_y}$，$a_{\theta2}=\dfrac{l}{I_y}$，$a_{\theta3}=-\dfrac{J_r}{I_y}\Omega$，$a_{\theta4}=-\dfrac{I_x-I_z}{I_y}$，得到俯仰控制量到俯仰角的控制模型为

$$\ddot{\theta}=a_{\theta1}\dot{\theta}+a_{\theta2}U_3+a_{\theta3}\dot{\varphi}+a_{\theta4}\dot{\varphi}\dot{\psi} \tag{2-24}$$

同理可得，横滚控制量到横滚角的控制模型为

$$\ddot{\varphi} = a_{\varphi1}\dot{\varphi} + a_{\varphi2}U_2 + a_{\varphi3}\dot{\theta} + a_{\varphi4}\dot{\theta}\dot{\psi} \tag{2-25}$$

式中，$a_{\varphi1} = -\dfrac{k_a}{I_x}$；$a_{\varphi2} = \dfrac{l}{I_x}$；$a_{\varphi3} = -\dfrac{J_r}{I_x}\Omega$；$a_{\varphi4} = -\dfrac{I_z - I_y}{I_x}$。

偏航控制量到偏航角的控制模型为

$$\ddot{\psi} = a_{\psi1}\dot{\psi} + a_{\psi2}U_4 + a_{\psi3}\dot{\varphi}\dot{\theta} \tag{2-26}$$

式中，$a_{\psi1} = -\dfrac{k_a}{I_z}$；$a_{\psi2} = \dfrac{l}{I_z}$；$a_{\psi3} = -\dfrac{I_y - I_x}{I_z}$。

综上所述，四旋翼无人机的姿态模型为

$$\begin{cases} \ddot{\varphi} = a_{\varphi1}\dot{\varphi} + a_{\varphi2}U_2 + a_{\varphi3}\dot{\theta} + a_{\varphi4}\dot{\theta}\dot{\psi} \\ \ddot{\theta} = a_{\theta1}\dot{\theta} + a_{\theta2}U_3 + a_{\theta3}\dot{\varphi} + a_{\theta4}\dot{\varphi}\dot{\psi} \\ \ddot{\psi} = a_{\psi1}\dot{\psi} + a_{\psi2}U_4 + a_{\psi3}\dot{\varphi}\dot{\theta} \end{cases} \tag{2-27}$$

2.2.4 位置模型简化

四旋翼无人机的平动包含升降、前后、左右运动，即无人机沿地面坐标系三个坐标轴方向的运动。根据牛顿第二定律，在地面坐标系中，四旋翼无人机的平动满足

$$m\ddot{\boldsymbol{P}} = F \tag{2-28}$$

式中，无人机的位置向量 $\ddot{\boldsymbol{P}}$，表示无人机在惯性坐标系三个轴上的位置 $\boldsymbol{P}=[x \quad y \quad z]$；无人机所受合力 $\boldsymbol{F}=[F_X \quad F_Y \quad F_Z]$，表示无人机在惯性坐标系三个轴的方向上所受的合外力。

基于 2.2.2 节设定的原则，忽略其他较小的阻力影响，无人机所受的外力主要有自身的重力、四个旋翼产生的总升力、与运动方向相反的空气阻力。对无人机所受各个外力的分析如下。

在惯性坐标系中，已知四旋翼无人机的质量 m 和重力加速度 g 为常数，所以无人机所受重力始终为 $\boldsymbol{F}_g=[0 \quad 0 \quad -mg]$。

为简化模型，可以将四旋翼无人机所受空气阻力看成大小与速度成正比、方向与自身运动方向相反的力。将无人机所受空气阻力在地面坐标系上进行分解，可以得到 $\boldsymbol{F}_f=[-K_1\dot{x} \quad -K_2\dot{y} \quad -K_3\dot{z}]$，其中 K_i（$i=1,2,3$）为惯性坐标系三个坐标轴上的空气阻力系数。

在机体坐标系中，四旋翼无人机受到的各个旋翼升力的总和，方向沿机体坐标系的 Oz 轴向上，大小为 $\sum_{i=1}^{4} F_i$，其中 F_i（$i=1,2,3,4$）为四个旋翼各自提供的升力。

由机体坐标系到地面坐标系的变换矩阵及牛顿第二定律可以得到线运动的动力学方程为

$$
\begin{aligned}
\ddot{x}&=\frac{1}{m}\left[\left(\sum_{i=1}^{4}F_i\right)(\cos\phi\sin\theta\cos\psi+\sin\phi\sin\psi)-K_1\dot{x}\right]\\
\ddot{y}&=\frac{1}{m}\left[\left(\sum_{i=1}^{4}F_i\right)(\sin\phi\sin\theta\cos\psi-\cos\phi\sin\psi)-K_2\dot{y}\right]\\
\ddot{z}&=\frac{1}{m}\left[\left(\sum_{i=1}^{4}F_i\right)\cos\phi\cos\psi-mg-K_3\dot{z}\right]
\end{aligned}
\tag{2-29}
$$

2.3 虚拟仿真实验平台介绍

城市追踪场景下的自动控制原理虚拟仿真实验平台

本团队的课程在 2021 年被评为江苏省省级金课，课程名称为“城市追踪场景下的自动控制原理虚拟仿真实验”，网址请扫描二维码查看。本虚拟仿真实验所属课程“自动控制原理”“现代控制理论”为自动化专业的核心专业基础课，本虚拟仿真实验平台可以给学生提供一个随时随地学习的平台。

图 2.4　城市追踪应用场景

本实验项目的技术思想来源于国家智慧城市行业的迫切需求，针对无人机追踪肇事逃逸车辆问题，分别对无人机系统、逃逸车辆系统进行分析、建模，把城市追踪问题转换为控制问题中的校正问题。结合控制理论、分析系统，设计合适的控制策略，完成最终的追踪任务。城市追踪应用场景如图 2.4 所示。

学生可以扫描上方二维码打开网页，单击“评审入口”按钮进入新页面，单击“开始”按钮，阅读实验简介后，单击“开始实验”按钮，进入实验系统导航界面，如图 2.5 所示。

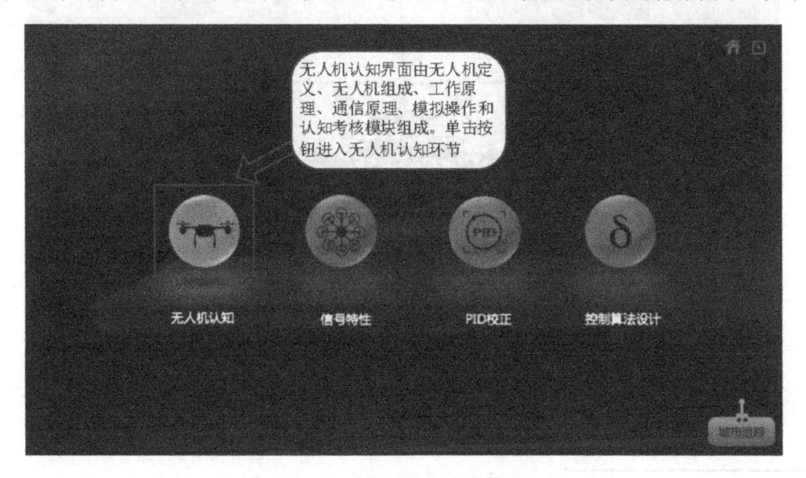

图 2.5　实验系统导航界面

2.4　四旋翼无人机虚拟仿真认知实验

1. 实验目的

（1）学习并掌握四旋翼无人机的总体结构及工作原理。

（2）结合虚拟仿真掌握无人机的定义、组成、工作原理及通信原理。

（3）熟练进行无人机的模拟操作。

（4）正确完成认知考核。

2. 实验过程

（1）通过阅读无人机定义，掌握无人机的概念和研究重点等内容。

（2）利用无人机组成界面，学习无人机的基本组成单元。

（3）通过工作原理的动画演示，了解无人机的基本工作原理。

（4）利用通信原理演示动画，了解无人机的基本通信系统。

（5）通过模拟操作，掌握无人机的操作方式。

（6）进行认知考核，检测对知识的掌握程度。

3. 实验内容

1）基本认知

（1）单击“无人机认知”按钮，进入无人机认知实验导航界面，如图 2.6 所示。了解无人机的定义、组成和工作原理。

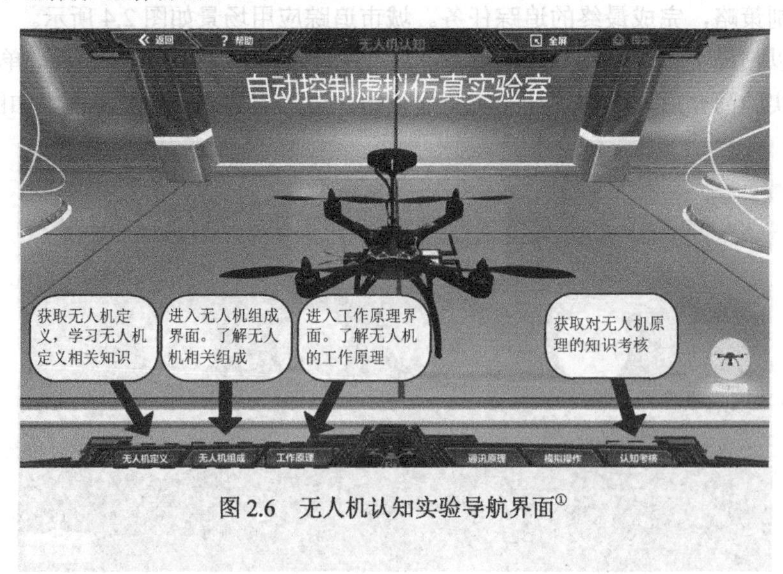

图 2.6　无人机认知实验导航界面[①]

① 图中“通讯”的正确写法为“通信”。

（2）单击“无人机定义”按钮，进入无人机定义界面，熟悉无人机定义及四旋翼的飞行控制技术，如图 2.7 所示。单击“已阅读”按钮，回到无人机认知实验导航界面。

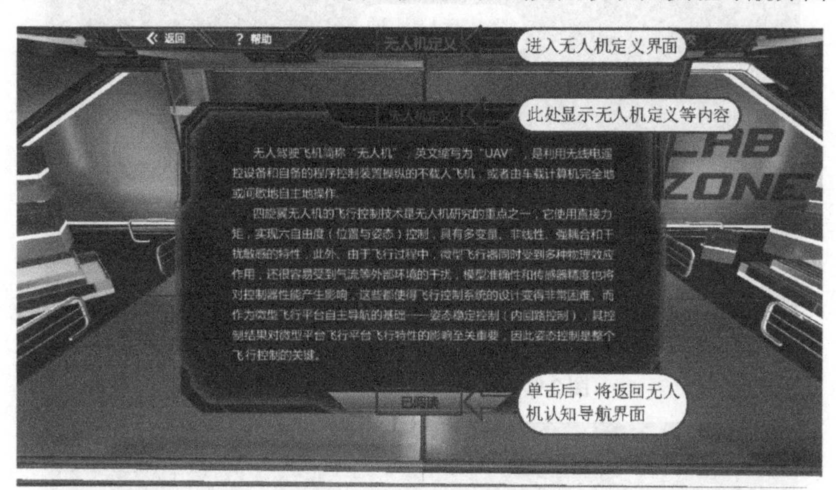

图 2.7　无人机定义界面

（3）单击“无人机组成”按钮，进入无人机组成界面，如图 2.8 所示。此界面整合了四旋翼无人机各个组成模块，以及它们之间的相互关系，用于熟悉和掌握无人机的构成。在无人机组成界面中，单击“螺旋桨”“飞控”等模块，将进入该模块的相关学习界面。如单击“飞控”模块，则显示对应的学习界面，飞行控制器原理学习界面如图 2.9 所示。单击右上角的“关闭”按钮，则可退出当前界面，回到无人机组成界面。

图 2.8　无人机组成界面

（4）无人机组成学习完毕后，可以单击“返回”按钮，回到无人机认知实验导航界面。单击“工作原理”按钮，进入工作原理界面，熟悉和掌握无人机的基本工作原理和垂直、俯仰、偏航、侧向运动四个通道的原理，如图 2.10 所示。

（5）在工作原理界面，单击右侧的“工作原理”按钮，则可以显示四旋翼无人机工作原理，其界面如图 2.11 所示。

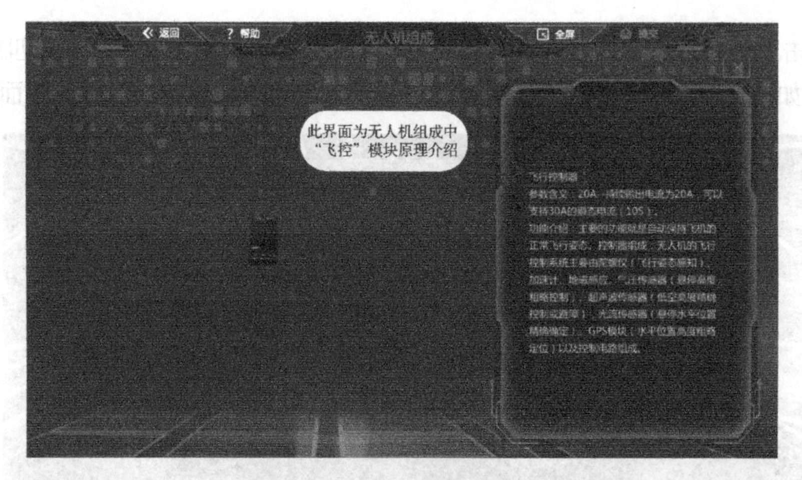

图 2.9 飞行控制器原理学习界面

图 2.10 工作原理界面

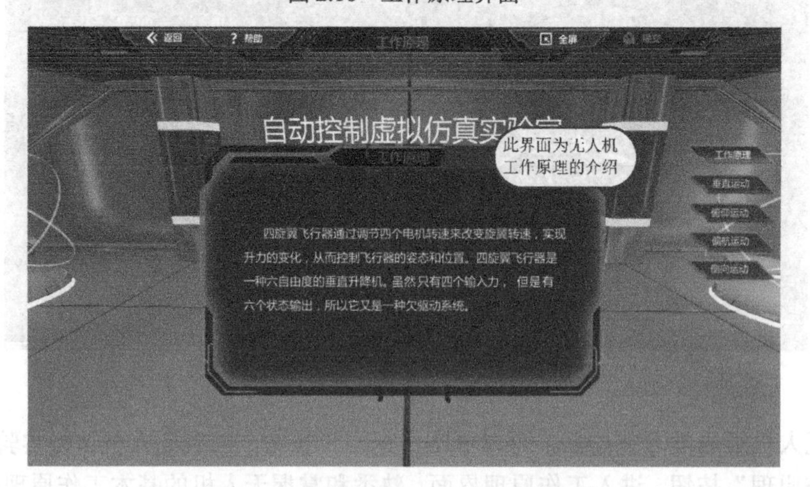

图 2.11 四旋翼无人机工作原理界面①

---

① 图中的“四旋翼飞行器”即“四旋翼无人机”。

（6）学习完毕后，单击左上角的“返回”按钮，再单击“垂直运动”按钮，则可以学习无人机垂直运动原理，其界面如图 2.12 所示。同理，返回工作原理界面，依次单击“俯仰运动”“偏航运动”“侧向运动”按钮，则可以学习无人机俯仰运动原理、偏航运动原理和侧向运动原理。

2）通信原理及模拟操作

（1）在无人机认知实验导航界面中（见图 2.13），单击“通信原理”按钮，进入无人机通信原理界面，如图 2.14 所示。通过演示动画，学生可以直观地了解无人机与上位机、遥控器、显示器之间的通信原理，从而对无人机的工作原理有更深的理解。

（2）在无人机通信原理界面中，单击位于屏幕左侧的箭头，弹出无人机通信系统框架，如图 2.15 所示。学生可以对通信数据在遥控器、发射机等设备中的传输进行学习。

图 2.12　无人机垂直运动原理界面[①]

图 2.13　无人机认知实验导航界面中的三个模块

① 图中左侧框中“总得拉力”的正确写法为“总的拉力”。

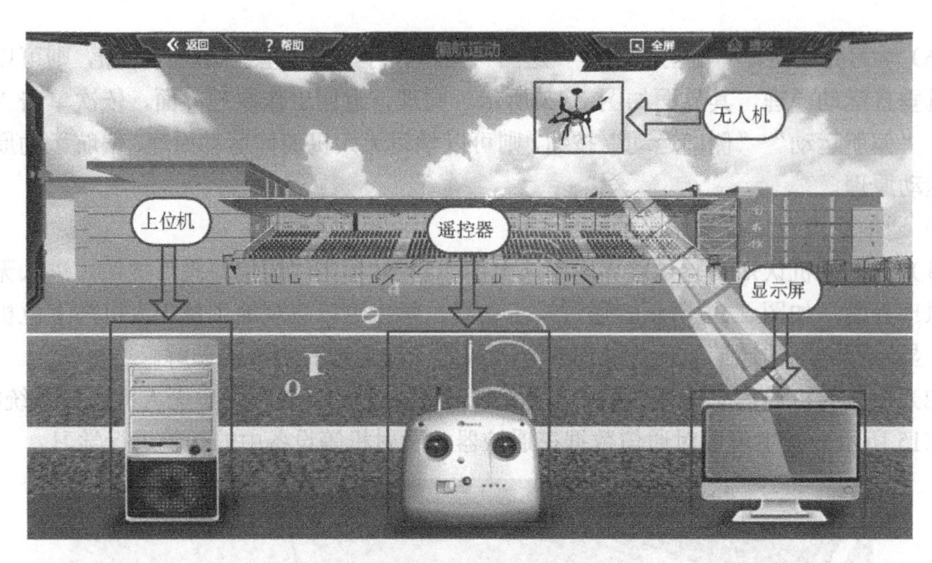

图 2.14　无人机通信原理界面

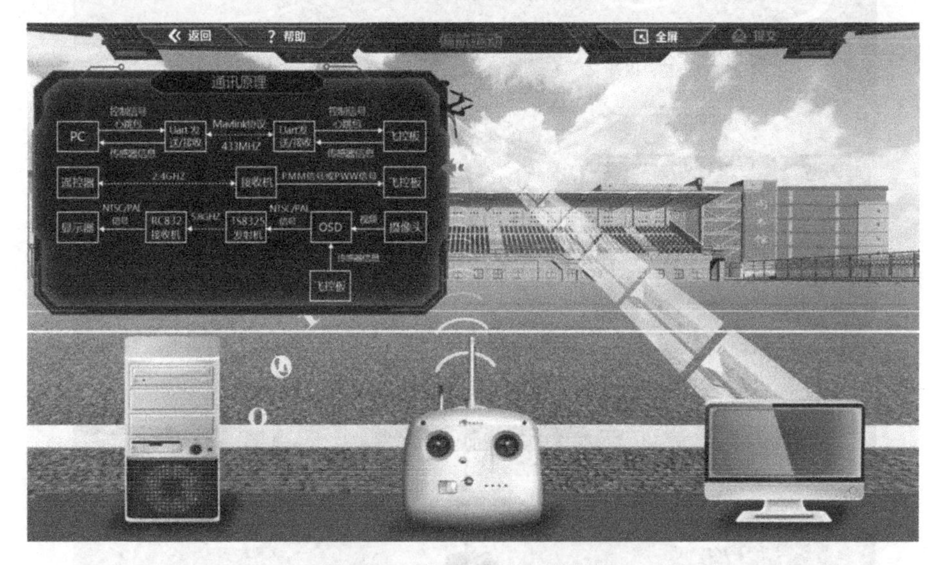

图 2.15　无人机通信系统框架

（3）在完成无人机通信原理学习之后，单击“模拟操作”按钮即可进入模拟界面，如图 2.16 所示。通过键盘的按键可以对无人机的俯仰、偏航、横滚及高度进行模拟控制。同时，无人机的姿态、位置和距离信息会在界面上实时显示出来。在此过程中，可以选择“超出范围后返航”或者“超出范围后悬停”来确定无人机超出预定范围后的动作模式。无人机的模拟操作完成后，单击“返回”按钮，返回无人机认知实验导航界面。

（4）单击“认知考核”按钮，进入无人机认知考核界面，如图 2.17 所示。该界面主要对学生认知无人机的情况进行考核，考核题目共 10 道，通过题目检验学生对无人机的认知情况。单击题目左右的箭头可以进行题目切换，直至完成所有设定题目。单击“提交”按钮，会生成无人机认知考核成绩单，如图 2.18 所示，此成绩单可以反映学生本次学习的情况。

图 2.16　无人机模拟操作界面

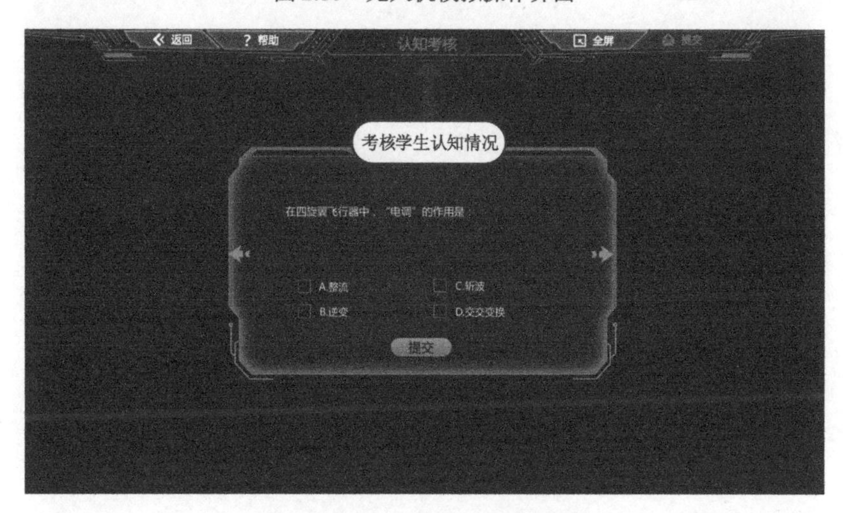

图 2.17　无人机认知考核界面

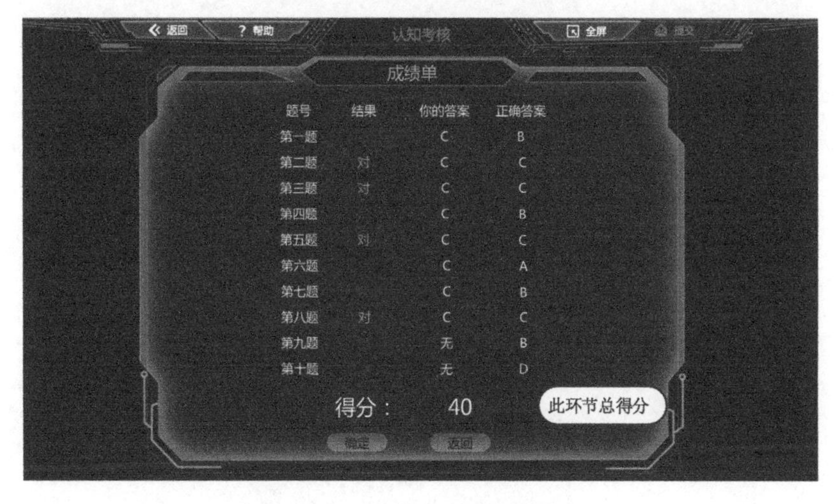

图 2.18　无人机认知考核成绩单

4. 实验记录

(1) 保存各步骤的实验截图。

(2) 在模拟操作中分析无人机的工作原理。

5. 拓展思考

(1) 思考无人机各个元器件的作用。

(2) 掌握无人机的飞行原理，思考如何进行无人机系统的建模。

(3) 通过学习无人机的飞行原理并进行模拟操作，思考如何进行无人机飞行控制设计。

第3章 控制系统的时域分析

3.1 控制系统的时域分析方法

控制系统的时域分析方法是一种在典型输入信号下根据系统的数学模型求出系统的时间响应，并借助系统的性能指标来直接分析和评价系统的方法。总体来说，对控制系统性能的基本要求包括稳、快、准三个方面，即在满足系统稳定性的前提下，具有较快的动态响应特性和较高的控制精度。

3.1.1 典型输入信号

根据系统常遇到的输入信号形式，在数学描述上加入一些理想化的基本输入函数。控制系统中常用的典型输入信号有单位阶跃函数、单位斜坡函数、单位加速度函数、单位脉冲函数和正弦函数，其时域表达式和复数域表达式如表 3.1 所示。

表 3.1 典型输入信号的时域表达式和复数域表达式

名称	时域表达式	复数域表达式
单位阶跃函数	$1(t), t \geqslant 0$	$\frac{1}{s}$
单位斜坡函数	$t, t \geqslant 0$	$\frac{1}{s^2}$
单位加速度函数	$\frac{1}{2}t^2, t \geqslant 0$	$\frac{1}{s^3}$
单位脉冲函数	$\delta(t), t = 0$	1
正弦函数	$A\sin\omega t$	$\frac{A\omega}{s^2+\omega^2}$

3.1.2 控制系统的稳定性

稳定是控制系统工作的前提条件。

1. 稳定性的定义

稳定性是指系统受到扰动作用偏离平衡状态，当扰动作用消失后，系统经过自身调节能恢复到原平衡状态的性能。若扰动作用消失后，系统能逐渐恢复到原来的平衡状态，则称系统是稳定的，否则称系统是不稳定的。对于线性连续系统来说，若在初始扰动作用的影响下，其动态过程随时间的推移逐渐衰减并趋于零（原平衡点），则称系统渐近稳定。

2. 线性连续系统稳定的充要条件

一个 n 阶线性连续系统的闭环特征方程表示为

$$a_0 s^n + a_1 s^{n-1} + \cdots + a_{n-1} s + a_n = 0$$

系统稳定的充要条件为闭环系统特征方程的所有根均有负实部或闭环传递函数的极点均严格位于左半 s 平面。

1）赫尔维茨稳定判据

（1）线性系统稳定的必要条件：线性系统特征方程的各项系数为正数。

（2）线性系统稳定的充分必要条件：由系统特征方程各项系数构成的主行列式 Δ_n 及其顺序主子式 Δ_i（i=1,2,…,n−1）全部为正。

当 n =2 时，特征方程的各项系数为正；

当 n =3 时，特征方程的各项系数为正，且 $a_1 a_2 - a_0 a_3 > 0$；

当 n =4 时，特征方程的各项系数为正，且 $a_1 a_2 - a_0 a_3 > 0$，以及 $a_1 a_2 - a_0 a_3 > a_1^2 a_4 / a_3$。

2）劳斯判据

当且仅当劳斯表（见表 3.2）第一列的所有元素均为正时，特征方程是稳定的；否则特征方程不稳定。第一列各元素符号改变的次数等于特征方程的正实部特征根的个数。

表 3.2 劳斯表

s 幂次	劳斯表系数				
s^n	a_0	a_2	a_4	a_6	…
s^{n-1}	a_1	a_3	a_5	a_7	…
s^{n-2}	$c_{13} = \dfrac{a_1 a_2 - a_0 a_3}{a_1}$	$c_{23} = \dfrac{a_1 a_4 - a_0 a_5}{a_1}$	$c_{33} = \dfrac{a_1 a_6 - a_0 a_7}{a_1}$	c_{43}	…
s^{n-3}	$c_{14} = \dfrac{c_{13} a_3 - a_1 c_{23}}{c_{13}}$	$c_{24} = \dfrac{c_{13} a_5 - a_1 c_{33}}{c_{13}}$	$c_{34} = \dfrac{c_{13} a_7 - a_1 c_{43}}{c_{13}}$	c_{44}	…
s^{n-4}	$c_{15} = \dfrac{c_{14} c_{23} - c_{13} c_{24}}{c_{14}}$	$c_{25} = \dfrac{c_{14} c_{23} - c_{13} c_{34}}{c_{14}}$	$c_{35} = \dfrac{c_{14} c_{43} - c_{13} c_{44}}{c_{14}}$	c_{45}	…
…	…	…	…	…	…
…	…	…	…	…	…

续表

s 幂次	劳斯表系数				
s^2	$c_{1,n-1}$	$c_{2,n-1}$			
s^1	$c_{1,n}$				
s^0	$c_{1,n+1}=a_n$				

3. 关于稳定性的说明

（1）稳定取决于系统本身的结构和参数，与输入信号无关。

（2）如果线性系统的输出量呈现持续不断的等幅振荡过程，则称其为临界稳定。临界稳定状态是李雅普诺夫定义下的稳定状态，但由于系统参数变化等原因，实际上等幅振荡不能维持，系统总会由于某些因素而不稳定。因此，从工程应用的角度来看，临界稳定属于不稳定系统，或称工程意义上的不稳定。

（3）不稳定的系统受到扰动后，系统输出偏离原来的工作点，随时间的推移而发散。实际上，物理系统的输出量只能增大到一定范围，此后或者受到机械制动装置的限制，或者系统遭到破坏。因此，稳定性是系统能够正常工作的前提。

3.1.3　控制系统的动态性能

通常以阶跃响应来定义动态过程的时域性能指标，阶跃响应曲线如图 3.1 所示。

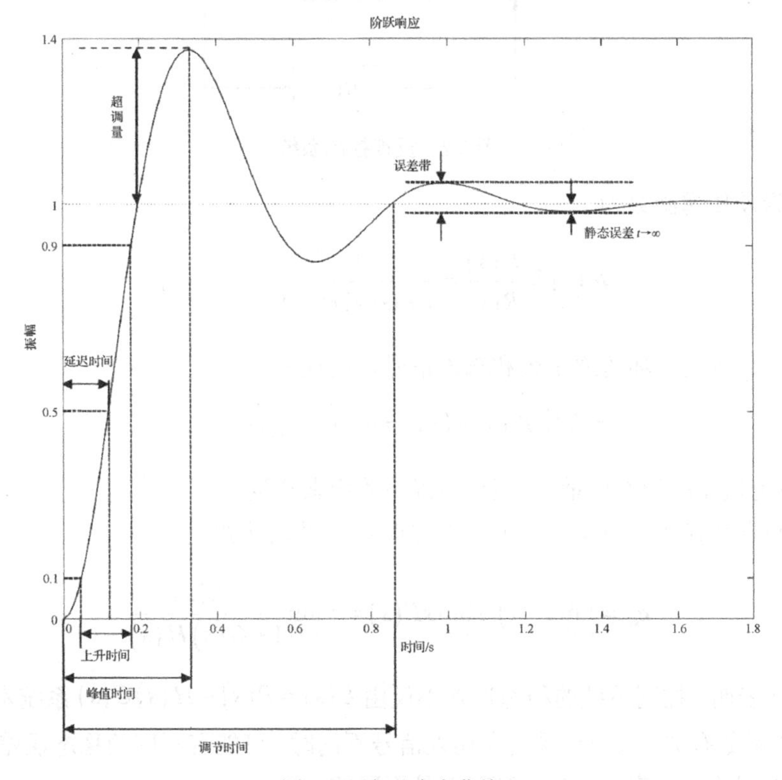

图 3.1　阶跃响应曲线

其动态性能指标包括以下几个方面。

延迟时间 t_d（Delay Time）：响应曲线第一次达到其终值 $h(\infty)$ 的一半所需的时间。

上升时间 t_r（Rise Time）：响应从终值的 10%上升到终值的 90%所需的时间；对于有振荡的系统，亦可定义为响应从零第一次上升到终值所需的时间。

峰值时间 t_p（Peak Time）：响应超过其终值到达第一个峰值所需的时间。

调节时间 t_s（Settling Time）：响应到达并保持在终值的 5%误差带之内所需的最短时间。也可以定义为响应到达并保持在终值的 2%误差带之内所需的最短时间。

超调量 $\sigma\%$：$\sigma\% = \dfrac{h(t_p)-h(\infty)}{h(\infty)} \times 100\%$。

3.1.4　控制系统的稳态性能

稳态性能衡量了系统的控制精度，通常用阶跃函数、斜坡函数或加速度函数作用下系统的稳态误差来描述。

1．稳态误差的定义

对于如图 3.2 所示的反馈控制系统，在系统输入端定义的误差表示如下。

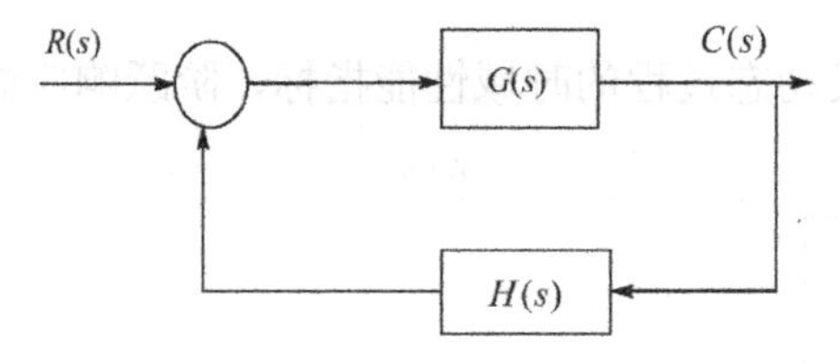

图 3.2　反馈控制系统

系统的误差传递函数为

$$\Phi_e(s) \triangleq \frac{E(s)}{R(s)} = \frac{1}{1+G(s)H(s)} \tag{3-1}$$

如果已知系统的开环传递函数和输入信号，则误差信号为

$$e(t) = L^{-1}\left[\Phi_e(s)R(s)\right] = e_{ts}(t) + e_{ss}(t) \tag{3-2}$$

式中，$e_{ts}(t)$ 为误差的瞬态分量；$e_{ss}(t)$ 为误差的稳态分量。

由拉普拉斯变换的终值定理，可得稳态误差 e_{ss} 的表达式：

$$e_{ss} = \lim_{t\to\infty} e_{ss}(t) = \lim_{s\to 0} sE(s) == \lim_{s\to 0}\frac{sR(s)}{1+G(s)H(s)} \tag{3-3}$$

式（3-3）表明，控制系统的稳态误差不仅由 $E(s)=R(s)-H(s)C(s)$ 系统本身的特性决定，还与输入函数有关。同一个系统在输入信号不同时，可能有不同的稳态误差。也就是说，控制系统对不同的输入信号，其控制精度是不同的。

2. 静态误差系数

系统的开环传递函数可表示为

$$G(s)H(s)=\frac{K\prod_{i=1}^{m}(\tau_i s+1)}{s^{\upsilon}\prod_{j=1}^{n-\upsilon}(T_j s+1)} \tag{3-4}$$

式中，K 为开环增益；τ_i 和 T_j 为时间常数；υ 为开环系统在 s 平面坐标原点上的极点重数，其数值大小定义为系统的型别。$\upsilon=0$，称为0型系统；$\upsilon=1$，称为Ⅰ型系统；$\upsilon=2$，称为Ⅱ型系统……。

定义 $k_{\mathrm{p}}=\lim\limits_{s\to 0}G(S)H(S)$ 为静态位置误差系数；$k_{\mathrm{v}}=\lim\limits_{s\to 0}SG(S)H(S)$ 为静态速度误差系数；$k_{\mathrm{a}}=\lim\limits_{s\to 0}S^2G(S)H(S)$ 为静态加速度误差系数。

从式（3-4）可知，系统的稳态误差与系统型别、开环增益、输入信号形式有关。

表3.3给出了不同系统型别下的静态误差系数大小。在阶跃输入、斜坡输入和加速度输入三种典型输入信号作用下，系统的稳态误差和型别的关系如表3.4所示。

表3.3　不同系统型别下的静态误差系数

型　别	静态位置误差系数 k_{p}	静态速度误差系数 k_{v}	静态加速度误差系数 k_{a}
0型	K	0	0
Ⅰ型	∞	K	0
Ⅱ型	∞	∞	K

表3.4　典型输入信号作用下系统的稳态误差和型别的关系

型　别	$r(t)=R_0$	$r(t)=v_0t$	$r(t)=\frac{1}{2}a_0t^2$
0型	$\frac{R_0}{1+K}$	∞	∞
Ⅰ型	0	$\frac{v_0}{K}$	∞
Ⅱ型	0	0	$\frac{a_0}{K}$

主要结论如下所述：

（1）如果要求系统对于阶跃作用下的稳态误差为零，则选用Ⅰ型及Ⅰ型以上的系统。

（2）0型系统在稳态时不能跟踪斜坡输入；Ⅰ型系统跟踪斜坡输入时的稳态输出速度与输入速度相同，但存在一定的稳态位置误差；Ⅱ型及Ⅱ型以上的系统，稳态时能准确跟踪斜坡输入信号，不存在位置误差。

（3）0型及Ⅰ型系统在稳态时都不能跟踪加速度输入；Ⅱ型系统跟踪加速度输入时的稳态输出加速度与输入加速度相同，但存在一定的稳态位置误差。

（4）k_{p} 大小反映了系统对阶跃输入信号的跟踪能力，k_{p} 越大，系统稳态误差越小；k_{v} 反映了系统对斜坡输入信号的跟踪能力，k_{v} 越大，系统稳态误差越小；k_{a} 反映了系统对加速度输入信号的跟踪能力，k_{a} 越大，跟踪精度越高。

3.1.5　一阶系统的时域分析

1. 一阶系统的数学模型

运动微分方程为

$$T\dot{c}(t)+c(t)=r(t) \tag{3-5}$$

传递函数为

$$\varPhi(s)=\frac{C(s)}{R(s)}=\frac{1}{Ts+1} \tag{3-6}$$

一阶系统结构图如图 3.3 所示。

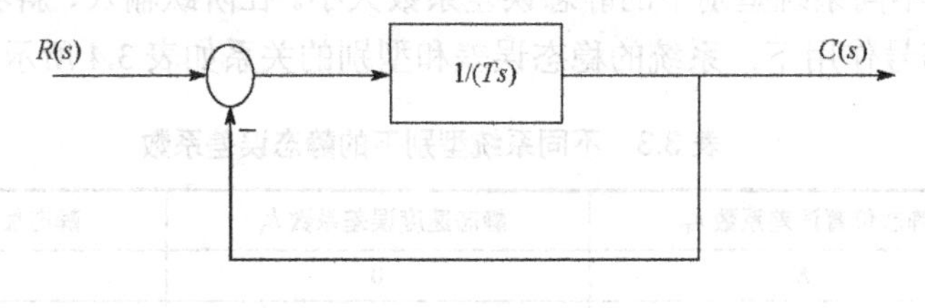

图 3.3　一阶系统结构图

2. 一阶系统的时域响应特性

一阶系统的单位脉冲响应为

$$c(t)=\frac{1}{T}\mathrm{e}^{-\frac{t}{T}} \tag{3-7}$$

一阶系统的单位阶跃响应为

$$c(t)=1-\mathrm{e}^{-t/T},\ t\geqslant 0 \tag{3-8}$$

一阶系统的单位斜坡响应为

$$c(t)=(t-T)+T\mathrm{e}^{-t/T},\ t\geqslant 0 \tag{3-9}$$

一阶系统在单位阶跃响应下的性能指标为

$$t_{\mathrm{d}}=0.69T,\ t_{\mathrm{r}}=2.20T,\ t_{\mathrm{s}}=3T$$

时间常数 T 反映了系统的惯性大小，时间常数 T 越小，惯性越小，响应过程越快。

3.1.6　二阶系统的时域分析

1．二阶系统的数学模型

传递函数为

$$\Phi(s)=\frac{C(s)}{R(s)}=\frac{\omega_{\mathrm{n}}^2}{s^2+2\zeta\omega_{\mathrm{n}}s+\omega_{\mathrm{n}}^2} \tag{3-10}$$

式中，ω_{n} 为自然频率（或无阻尼振荡频率）；ζ 为阻尼比（或相对阻尼系数）。

二阶系统结构图如图 3.4 所示。

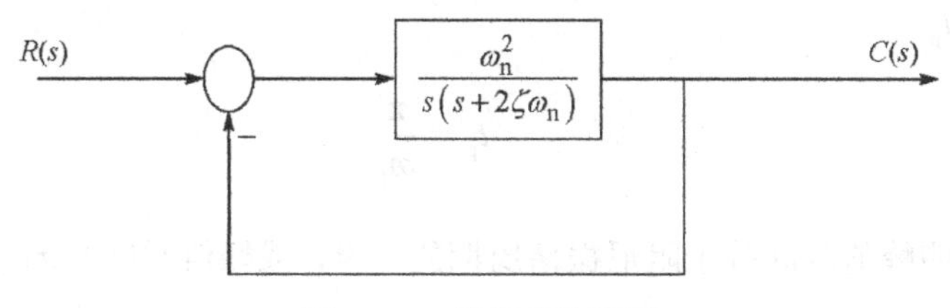

图 3.4　二阶系统结构图

闭环特征方程为

$$s^2+2\zeta\omega_{\mathrm{n}}s+\omega_{\mathrm{n}}^2=0$$

其两个特征根为

$$s_{1,2}=-\zeta\omega_{\mathrm{n}}\pm\omega_{\mathrm{n}}\sqrt{\zeta^2-1}$$

所以，当 $\zeta<0$ 时，特征根的实部为正，系统的动态过程为发散的正弦振荡或单调发散的形式，二阶系统是不稳定的；当 $0<\zeta<1$ 时，动态过程表现为衰减振荡形式，此时的系统称为欠阻尼二阶系统；当 $\zeta=1$ 时，动态过程表现为无振荡形式，此时的系统称为临界阻尼系统；当 $\zeta>1$ 时，动态过程表现为无振荡形式，此时的系统称为过阻尼系统。

2．欠阻尼（$0<\zeta<1$）二阶系统的动态性能指标

欠阻尼二阶系统的单位阶跃响应为

$$c(t)=1-\frac{1}{\sqrt{1-\zeta^2}}\mathrm{e}^{-\delta t}\sin(\omega_{\mathrm{d}}t+\beta),\ t\geqslant 0 \tag{3-11}$$

这里，$\beta=\arccos\zeta$ 称为阻尼角，表示闭环极点到原点的连线与负实轴的夹角；$\omega_{\mathrm{d}}=\omega_{\mathrm{n}}\sqrt{1-\zeta^2}$ 称为有阻尼振荡频率，其大小等于闭环极点到实轴之间的距离；$\sigma=\zeta\omega_{\mathrm{n}}$ 称为衰减系数，其大小等于闭环极点到虚轴之间的距离。

1）延迟时间t_d

$$t_d = \frac{1+0.7\zeta}{\omega_n} \tag{3-12}$$

式（3-12）表明增大自然频率ω_n或减小阻尼比ζ，都可以减小延迟时间t_d。

2）上升时间t_r

$$t_r = \frac{\pi-\beta}{\omega_d} \tag{3-13}$$

当阻尼比ζ一定时，阻尼角β不变，上升时间t_r与阻尼振荡频率ω_d成反比；当阻尼振荡频率ω_d一定时，阻尼比ζ越小，上升时间t_r越短。

3）峰值时间t_p

$$t_p = \frac{\pi}{\omega_d} \tag{3-14}$$

式（3-14）表明峰值时间等于阻尼振荡周期的一半，或峰值时间与闭环极点的虚部数值大小成反比。

4）超调量$\sigma\%$

$$\sigma\% = e^{-\pi\zeta/\sqrt{1-\zeta^2}} \times 100\% \tag{3-15}$$

超调量$\sigma\%$仅是阻尼比ζ的函数。阻尼比越大，超调量越小。

5）调节时间t_s（以5%误差带计算）

$$t_s = \frac{3.5}{\sigma} \tag{3-16}$$

式（3-16）表明调节时间t_s与闭环极点的实部数值σ大小成反比。

3. 比例—微分（PD）控制

PD 控制利用误差及其变化趋势，在出现位置误差前产生修正作用，从而可以改善系统性能。比例—微分控制系统结构图如图 3.5 所示。

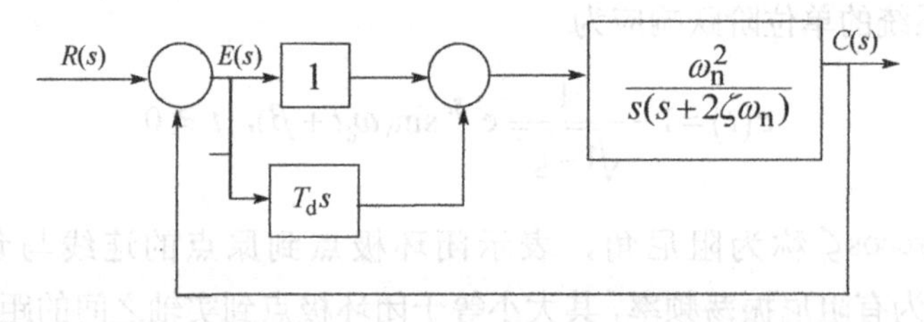

图 3.5 比例一微分控制系统结构图

二阶系统在施加 PD 控制前后的对比如表 3.5 所示，包括开环传递函数、开环增益和闭环传递函数的比较。

表 3.5　二阶系统在施加 PD 控制前后的对比

环　　节	开环传递函数	开环增益	闭环传递函数
施加 PD 控制前	$\dfrac{\omega_n^2}{s(s+2\zeta\omega_n)}$	$\dfrac{\omega_n}{2\zeta}$	$\dfrac{\omega_n^2}{s^2+2\zeta\omega_n s+\omega_n^2}$
施加 PD 控制后	$\dfrac{(1+T_d s)\omega_n^2}{s(s+2\zeta\omega_n)}$	$\dfrac{\omega_n}{2\zeta}$	$\dfrac{\omega_n^2(1+T_d s)}{s^2+2\zeta_d\omega_n s+\omega_n^2}$

其中，$\zeta_d=\zeta+\dfrac{\omega_n T_d}{2}$。

主要结论如下所述：

（1）PD 控制不改变系统的自然频率，但可以增大阻尼比。微分对超调有抑制作用。

（2）阻尼比增大，超调减少，同时阻尼振荡频率减小，因而响应的振荡周期变长。

（3）阻尼增大的程度与 T_d 有关。过大的 T_d 可导致原阻尼不太小的系统阻尼过大而上升缓慢，调节时间变长。

（4）PD 控制（$1+T_d s$ 的形式）没有改变系统的开环增益，所以对于相同的输入信号，施加 PD 控制前后系统的稳态误差不变。

（5）微分器对噪声敏感，在输入端噪声强的情况下，不宜采用 PD 控制。

4．测速反馈控制

测速反馈控制系统如图 3.6 所示。

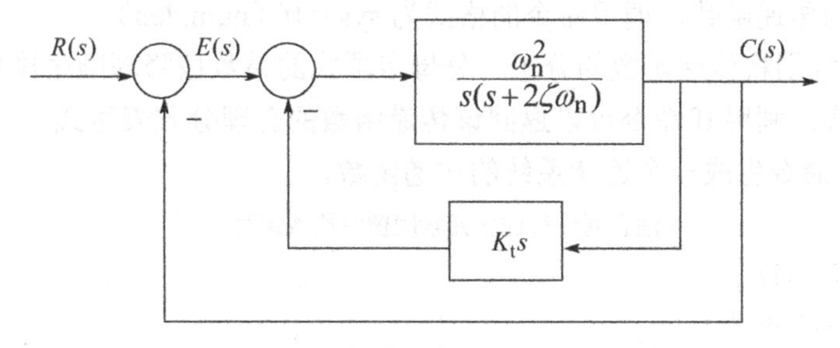

3.6　测速反馈控制系统

二阶系统在施加测速反馈前后的对比如表 3.6 所示，包括开环传递函数、开环增益和闭环传递函数的比较。

表 3.6　二阶系统在施加测速反馈前后的对比

环　　节	开环传递函数	开环增益	闭环传递函数
施加测速反馈前	$\dfrac{\omega_n^2}{s(s+2\zeta\omega_n)}$	$\dfrac{\omega_n}{2\zeta}$	$\dfrac{\omega_n^2}{s^2+2\zeta\omega_n s+\omega_n^2}$
施加测速反馈后	$\dfrac{\omega_n^2}{s^2+\left(2\zeta\omega_n+\omega_n^2 K_t\right)s}$	$\dfrac{\omega_n}{2\zeta+\omega_n K_t}$	$\dfrac{\omega_n^2}{s^2+2\zeta_t\omega_n s+\omega_n^2}$

其中，$\zeta_t=\zeta+\dfrac{\omega_n K_t}{2}$。

主要结论如下所述：

（1）测速反馈控制不改变系统的自然频率，但可以增大阻尼比。

（2）阻尼比增大，超调减少，同时阻尼振荡频率减小，因而响应的振荡周期变长。

（3）阻尼增大的程度与 K_t 有关。过大的 K_t 可导致原阻尼不太小的系统阻尼过大而上升缓慢，调节时间变长。

（4）测速反馈会降低系统的开环增益，从而加大系统在斜坡输入时的稳态误差。可通过适当增加原系统的开环增益以减小稳态误差。

3.2 时域分析常用的 MATLAB 函数

3.2.1 传递函数的 MATLAB 表示方法

本节介绍 MATLAB 中表示传递函数的几种常见方法。

1．有理分式形式

n 阶系统传递函数的有理分式表达式为

$$G(s)=\frac{b_0 s^m + b_1 s^{m-1} + \cdots + b_n}{a_0 s^n + a_1 s^{n-1} + \cdots + a_n}$$

产生该形式的传递函数，调用命令的格式为 sys = tf（num,den）。

num 和 den 分别将传递函数的分子、分母多项式的系数按降幂顺序排列成行向量，缺项的系数用 0 补齐，利用 tf 命令可以返回该传递函数的有理分式表达式。

例 3.1 用 tf 命令生成一个连续系统的传递函数。

```
num1=[2  1];                %注意同一行的各元素间留空格或逗号
den1=[1  2  2  1];
sys1=tf (num1,den1)
sys1 =

         2 s + 1
  ---------------------
  s^3 + 2 s^2 + 2 s + 1
```

2．零极点模型形式

n 阶系统传递函数的零极点模型表达式为

$$G(s)=K\frac{(s-z_1)(s-z_2)\dots(s-z_m)}{(s-p_1)(s-p_2)\dots(s-p_n)}$$

产生该形式的传递函数，调用命令的格式为 sys = zpk（zeros,poles,gain）。

其中，zeros,poles 分别将零点和极点表示成列向量，若无零点或极点用[ ]（空矩阵）

代替；gain 是系统增益；利用 zpk 命令返回传递函数的零极点增益表达式。

例 3.2 用 zpk 命令生成一个连续系统的传递函数。

```
zeros = 0;            %零点 z=0
poles = [1-1i 1+1i 2]; %极点 p= 1±1i, 2
gain = 2;             %增益 K = 2
sys2 = zpk (zeros,poles,gain)
sys2 =

        2 s
  ---------------------
  (s-2) (s^2 - 2s + 2)
```

3. 模型间的转换

1）有理分式模型转换为零极点模型

调用格式为[Z,P,K] = tf2zp（num,den）。

例 3.3 将例 3.1 的模型转换为零极点形式。

```
[Z1,P1,K1] =tf2zp(num1,den1)
Z1 =

   -0.5000


P1 =


  -1.0000 + 0.0000i
  -0.5000 + 0.8660i
  -0.5000 - 0.8660i


K1 =


    2
```

2）零极点模型转换为有理分式模型

调用格式为[num,den] = zp2tf（Z,P,K）。

例 3.4 将例 3.2 的模型转换为有理分式形式。

```
[num2,den2] = zp2tf(zeros,poles,gain)
num2 =


     0     0     2     0


den2 =


     1    -4     6    -4
```

```
sys3=tf(num2,den2)
sys3 =

          2 s
  ---------------------
  s^3 - 4 s^2 + 6 s - 4
```

可以看出，该结果与例 3.2 的表达式是一致的。

3.2.2 MATLAB 时域分析方法

本节介绍 MATLAB 中几种常用的时域分析方法。

1. 连续系统的脉冲响应

函数 impulse（）可以绘出连续系统在指定时间范围内的脉冲响应的时域波形图。

调用格式为 impulse（sys, Tfinal）。

其中，sys 是系统的动态方程，对于连续系统来说，可以是有理分式形式，也可以是零极点形式。输出从 $t=0$ 至 $t=\text{Tfinal}$ 的脉冲响应波形，Tfinal 若不设置则为默认值。

例 3.5 分别绘制例 3.1 和例 3.2 系统的脉冲响应波形。

impulse（sys1）% impulse（num1,den1）将得到相同的结果，如图 3.7 和图 3.8 所示。

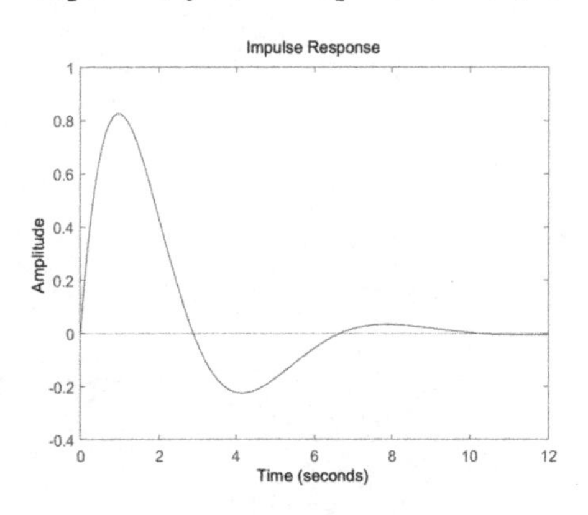

图 3.7 例 3.1 系统的脉冲响应波形

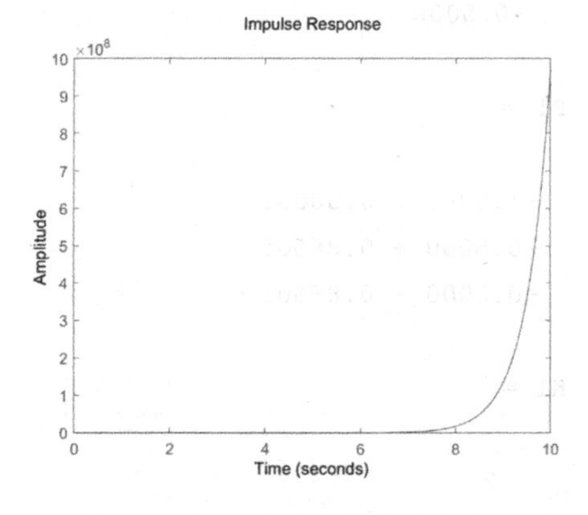

图 3.8 例 3.2 系统的脉冲响应波形

```
impulse(sys2,10)
```

2. 连续系统的阶跃响应

函数 step（）可以绘出连续系统在指定时间范围内的单位阶跃响应的时域波形图。

调用格式为 step（sys, Tfinal）。

其中，sys 是系统的动态方程，对于连续系统来说，可以是有理分式形式，也可以是零极点形式。输出从 $t=0$ 至 $t=\text{Tfinal}$ 的阶跃响应波形，Tfinal 可选。

例 3.6 分别绘制例 3.1 和例 3.2 系统的阶跃响应波形。

step（sys1）%step（num1,den1）将得到相同的结果，如图 3.9 和图 3.10 所示。

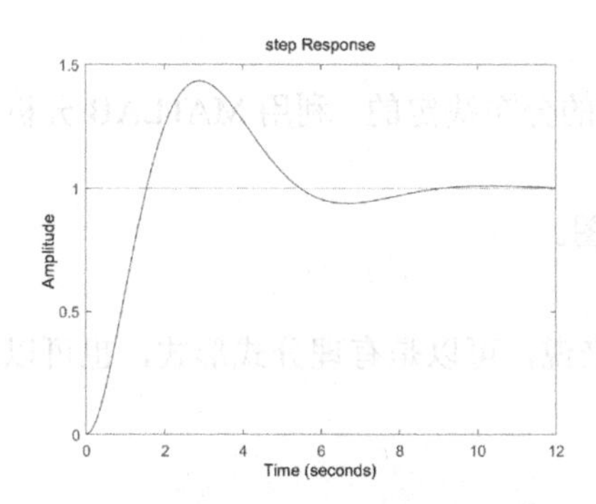

图 3.9　例 3.1 系统的阶跃响应波形

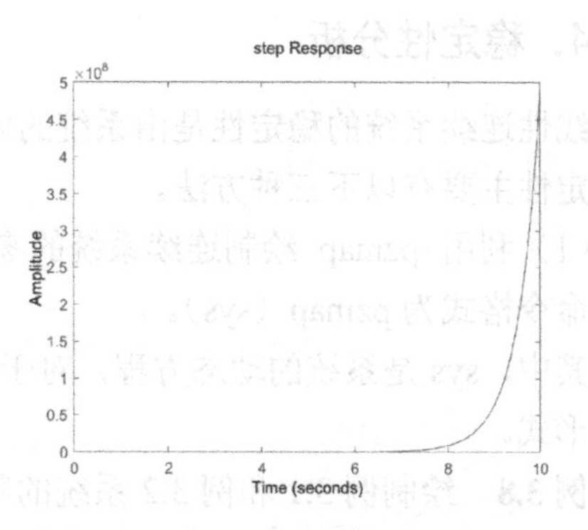

图 3.10　例 3.2 系统的阶跃响应波形

```
step (sys2,10)
```

3. 任意输入信号下的输出响应

函数 lsim（）可以绘出连续系统在已知的某任意输入函数下的输出时域波形图。

调用格式为 lsim（sys, u, t）。

其中，sys 是系统的动态方程，对于连续系统来说，可以是有理分式形式，也可以是零极点形式。输入信号为 ***u*(*t*)**，输入参数中的 ***u*** 和 ***t*** 是相同长度的向量。

函数 gensig（）可以产生单位幅值的正弦、方波、周期脉冲等输入信号，有以下两种调用格式：

```
[u t]=gensig (type,tau)
[u t]=gensig (type, tau, tf ,ts)
```

其中：

Type——输入信号类型（主要有三种形式：'sine' 正弦信号、'square' 方波信号、'pulse' 周期脉冲信号）；

Tau——输入信号的周期；tf——信号的持续时间；ts——信号时间的步长；[u t]——输出信号历史记录。

例 3.7　绘制例 3.1 系统的正弦响应波形。

```
[u t]=gensig ( 'sine' ,2*pi) %t=0:0.1:35;u=sin (t)
```

得到的结果，如图 3.11 所示。

```
lsim (sys1, u, t)
```

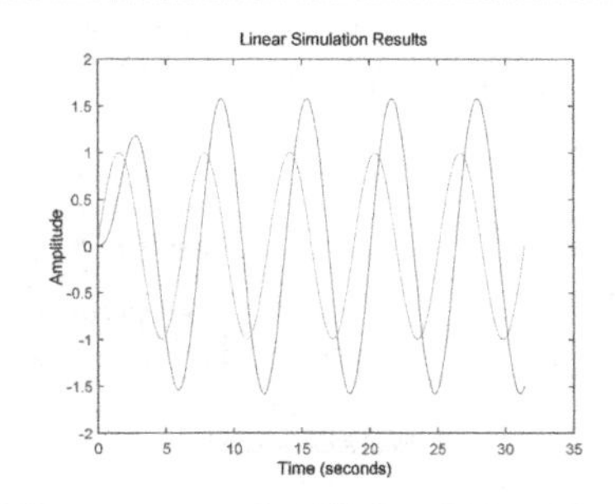

图 3.11　例 3.1 系统的正弦响应波形

4．稳定性分析

线性连续系统的稳定性是由系统的闭环特征根的分布决定的。利用 MATLAB 分析系统的稳定性主要有以下三种方法。

（1）利用 pzmap 绘制连续系统的零极点分布图。

命令格式为 pzmap（sys）。

其中，sys 是系统的动态方程，对于连续系统来说，可以是有理分式形式，也可以是零极点形式。

例 3.8　绘制例 3.1 和例 3.2 系统的零极点图。

```
pzmap (sys1)
grid on %在当前图形窗口绘制格栅
```

从图 3.12 可见，该系统有一个实数零点，用○表示；有三个极点，用×表示，其中一个实数极点，一对共轭复数极点，都分布在左半复数平面，所以系统是稳定的。用鼠标单击相应的零极点，可显示零极点的坐标等具体信息，如图 3.13 所示。

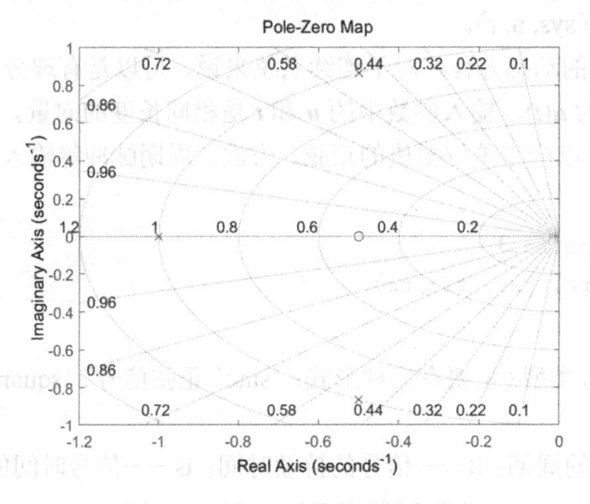

图 3.12　例 3.1 系统的零极点分布

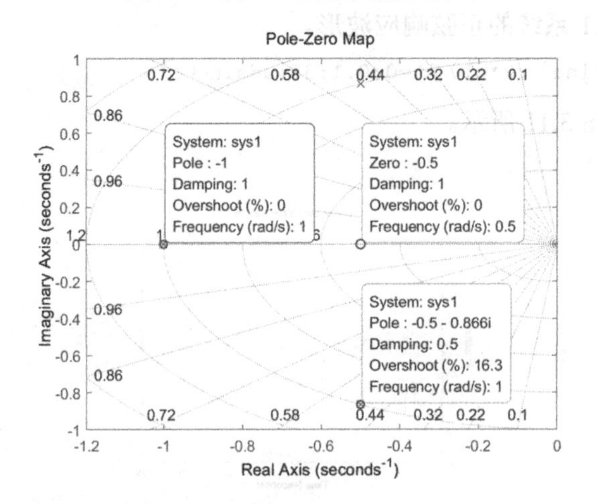

图 3.13　例 3.1 系统的零极点分布与信息

```
figure
pzmap (sys2)
```

显然，图 3.14 所示的零极点分布坐标与实际系统完全一致。该系统有三个极点均位于右半平面，系统不稳定。

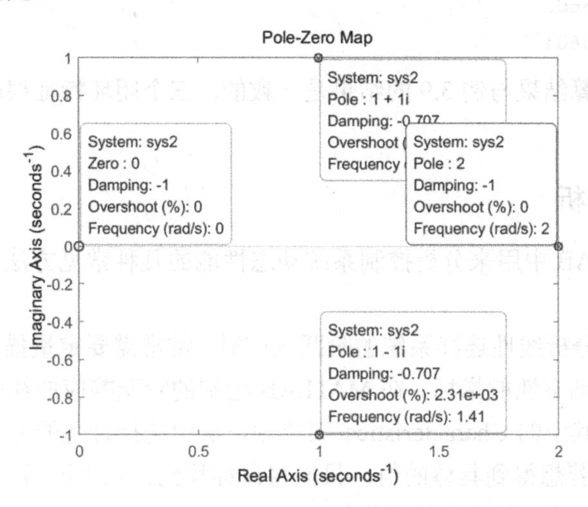

图 3.14　例 3.2 系统的零极点分布与信息

（2）利用 pole（G）和 zero（G）可以分别求出系统的极点和零点。

命令格式为 pole（sys）。

其中，sys 是系统的动态方程，对于连续系统来说，可以是有理分式形式，也可以是零极点形式。

例 3.9　求例 3.1 系统的零极点。

```
pole (sys1)

ans =

  -1.0000 + 0.0000i
  -0.5000 + 0.8660i
  -0.5000 - 0.8660i
zero (sys1)

ans =

   -0.5000
```

得到的计算结果与图 3.13 所示的零极点坐标信息完全一致。

（3）利用 roots 求闭环特征方程多项式的根来确定系统的极点。

命令格式为 roots（den）。

其中，den 是系统闭环传递函数分母多项式的系数向量。

例 3.10　求例 3.1 系统的闭环特征根。

```
roots(den1)

ans =
  -1.0000 + 0.0000i
  -0.5000 + 0.8660i
  -0.5000 - 0.8660i
```

显然，得到的计算结果与例3.9的结果是一致的。三个闭环特征根的实部均为负数，系统稳定。

5. 动态性能分析

本节介绍MATLAB中用来分析控制系统动态性能的几种常见方法。

1）图解法

在控制理论中，分析线性连续系统的阶跃响应时，常常需要定量描述系统的超调量、上升时间、调节时间等动态性能指标。在MATLAB绘制的阶跃响应曲线中，可以得出这些指标，只需右击，选择其中的Characteristics 菜单项，从中选择合适的分析内容，即可得到系统的阶跃响应指标。若想得到具体的值，只需将鼠标移到该点上即可。

例3.11　求例3.1系统的动态性能指标。

```
step(sys1)
```

在图形窗中右击，选择其中的Characteristics菜单项，系统的阶跃响应曲线分析选项如图3.15所示。

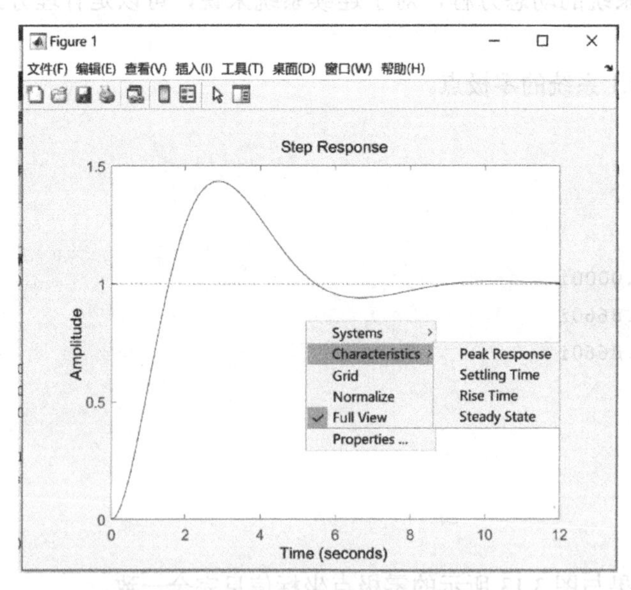

图3.15　系统的阶跃响应曲线分析选项

选中峰值响应（Peak Response）、调节时间（Settling Time）、上升时间（Rise Time），就可以得到以蓝色点标识的指标计算点，将鼠标移到这些点上即可显示相关指标的计算结果。系统的阶跃响应指标如图3.16所示。

这里需要注意，系统默认的上升时间定义为输出从稳态值的 10%上升到 90%所需的时间，对于有振荡的系统，如果上升时间定义为输出从初始值上升到第一次到达终值所需的时间，那么需要在如图 3.15 所示的 Properties 菜单项中进行修改。同样，系统默认的调节时间定义为第一次到达终值的 2%所对应的时间，如果需要定义为第一次到达终值的 5%所对应的时间，那么需要在 Properties 菜单项中进行修改。在本例中，修改后的 Properties 菜单项如图 3.17 所示。

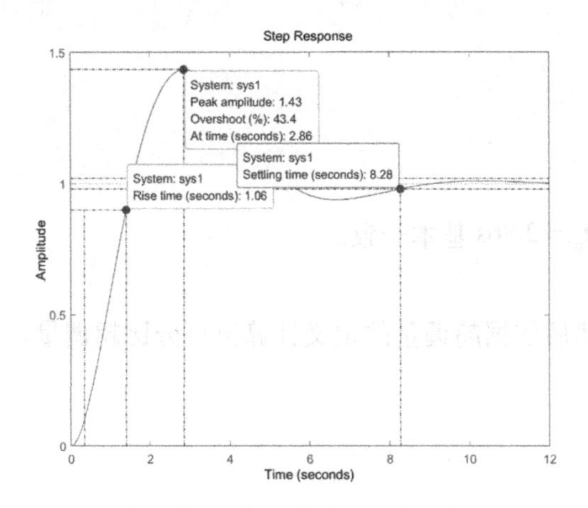

图 3.16　系统的阶跃响应指标

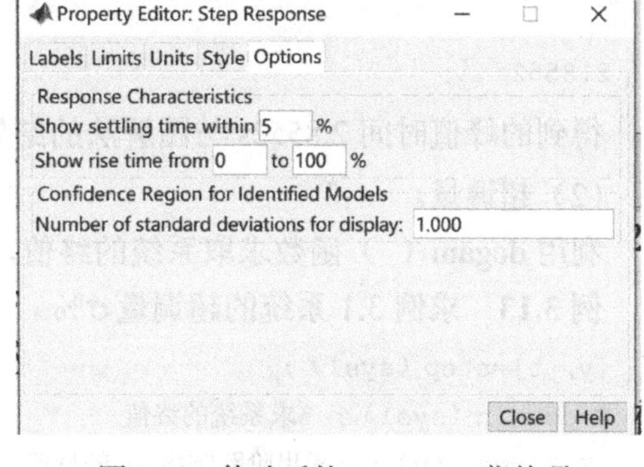

图 3.17　修改后的 Properties 菜单项

修改参数定义选项后系统的阶跃响应指标如图 3.18 所示。

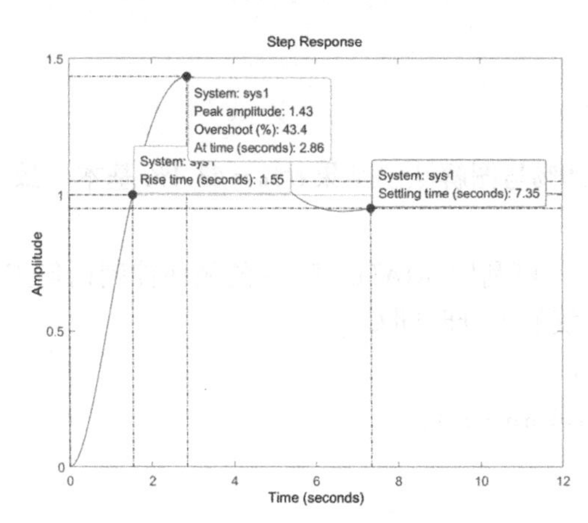

图 3.18　修改参数定义选项后系统的阶跃响应指标

可得系统的动态性能指标：上升时间 $t_r = 1.55\text{s}$，峰值时间 $t_p = 2.86\text{s}$，超调量 $\sigma\% = 43.4\%$，调节时间 $t_s = 7.35\text{s}$。

2）编程方式求取时域响应的各项性能指标

首先可以运用阶跃响应函数 step（ ）获得系统的输出量，然后依据动态指标的公式编写程序进行计算。

调用格式为[y,t]=step（sys）。

其中，sys 是系统的动态方程，y 是返回的阶跃响应输出数据，t 是与输出 y 长度相同的时间向量，向量的步长和长度由 MATLAB 根据系统的动态响应自动设定。

（1）峰值时间。

利用取最大值函数 max（ ）求出阶跃响应 y 的峰值及相应的时间。

例 3.12 求例 3.1 系统的峰值时间 t_p。

```
[y, t]=step (sys1) ;
[Y,k]=max (y) ; %求出阶跃响应 y 的峰值在向量中对应的位置 k
timetopeak=t (k) % timetopeak 是峰值时间

timetopeak =

2.8552
```

得到的峰值时间 2.8552s 与图解法的结果 $t_p = 2.86$s 基本一致。

（2）超调量。

利用 dcgain（ ）函数求取系统的终值，然后依据超调量的定义计算出百分比超调量。

例 3.13 求例 3.1 系统的超调量 $\sigma\%$。

```
[y, t]=step (sys1) ;
C=dcgain (sys1) ; %求系统的终值
[Y,k]=max (y) ; %求出阶跃响应 y 的峰值
percentovershoot=100* (Y-C) /C % percentovershoot/100 就是定义的超调大小

percentovershoot =

  43.3919
```

得到的超调量 43.3919%与图解法的结果 $\sigma\% = 43.4\%$ 基本一致。

（3）上升时间。

依据上升时间的定义，可利用 MATLAB 中的循环控制语句来求解。

例 3.14 求例 3.1 系统的上升时间 t_r。

```
[y, t]=step (sys1) ;
C=dcgain (sys1) ;  %求系统的终值
n =1
while y (n) < C
n =n+1
end          %利用循环语句寻找第一次到达终值对应的时间向量下标
risetime=t (n)  %第一次到达终值对应的时间就是上升时间

risetime =

1.5658
```

得到的上升时间 1.5658s 与图解法的结果 $t_r = 1.55$s 基本一致。

如果上升时间定义为输出从稳态值的 10%上升到 90%所需的时间，则计算程序如下。

```
[y, t]=step (sys1) ;
C=dcgain (sys1) ;
n =1
while y (n) <0.1*C
n=n+1
end              %利用循环语句寻找第一次到达稳态值的 10%对应的时间向量下标 n
m=1
while y (m) <0.9*C
m=m+1
end              %利用循环语句寻找第一次到达稳态值的 90%对应的时间向量下标 m
risetime=t (m) -t (n)
risetime =

1.1052
```

这个计算结果与图 3.16 中给出的上升时间基本一致。

（4）调节时间。

依据调节时间的定义，利用 MATLAB 中的循环控制语句来求解。

例 3.15 求例 3.1 系统的调节时间。

```
[y, t]=step (sys1) ;
C=dcgain (sys1) ;
i =length (t) ;  %函数 length ( ) 可求得 t 序列的长度，将其设定为变量 i 的上限值
while (y (i) >0.95*C) & (y (i) <1.05*C)
i =i-1
end        %利用循环语句寻找第一次到达终值的 5%误差带对应的时间向量下标
settlingtime=t (i)

settlingtime =

7.2762
```

得到的调节时间 7.2762s 与图解法的结果 $t_s = 7.35$s 基本一致。

```
[y, t]=step (sys1) ;
C=dcgain (sys1) ;
i =length (t) ;  %函数 length ( ) 可求得 t 序列的长度，将其设定为变量 i 的上限值
while (y (i) >0.98*C) & (y (i) <1.02*C)
i =i-1
end        %利用循环语句寻找第一次到达终值的 2%误差带对应的时间向量下标
settlingtime=t (i)
settlingtime =

8.1972
```

这个计算结果与图 3.16 中给出的调节时间也基本一致。

6. 稳态误差计算

1）图解法

在 MATLAB 绘制的阶跃响应曲线中，右击，选择其中的 Characteristics 菜单项，选中稳态（Steady State）选项，那么可以在阶跃响应曲线中得到输出的稳态值。

例 3.16　求例 3.1 系统的稳态误差。

```
step (sys1)
```

从图 3.19 可得，系统的稳态值为 1，所以稳态误差 $e_{ss}=0$。

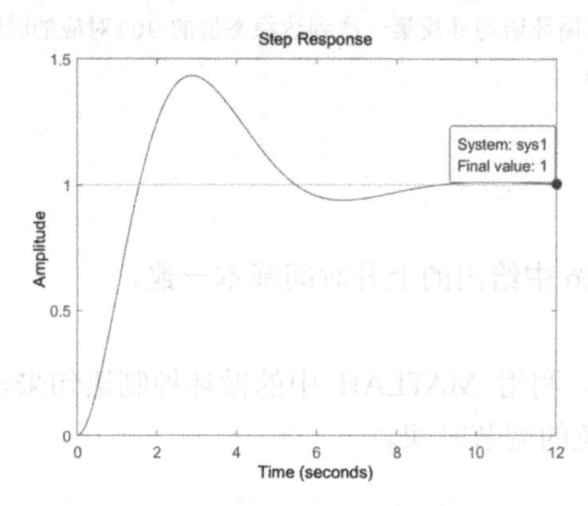

图 3.19　系统的阶跃响应中的稳态值

2）编程计算法

利用 dcgain（ ）函数求取系统的终值，然后依据稳态误差的定义进行计算并得出结果。

例 3.17　利用 dcgain（ ）函数求例 3.1 系统的稳态误差。

```
C=dcgain (sys1) ;
Ess=1-C

Ess = 0
```

稳态误差 $e_{ss}=0$，与图解法的结果一致。

3.3 控制系统的时域分析仿真实验

3.3.1 一阶系统的时域分析仿真实验

1. 实验目的

（1）观察一阶系统的时域响应特点。

（2）记录一阶系统的单位阶跃响应曲线。

（3）掌握时间响应分析的一般方法。

2. 预习要求

（1）掌握一阶系统的数学模型及其在典型输入下的输出响应。
（2）熟悉 MATLAB 函数 impulse（）、step（）和 lsim（）的使用方法。
（3）掌握一阶系统在不同典型输入下的跟踪性能分析。

3. 实验内容

（1）选取不同的时间常数 T，观察一阶系统 $G=1/(Ts+1)$ 的脉冲响应。
（2）选取不同的时间常数 T，记录一阶系统 $G=1/(Ts+1)$ 的阶跃响应。
（3）选取不同的时间常数 T，观察一阶系统 $G=1/(Ts+1)$ 的斜坡响应。

4. 实验记录

（1）记录一阶系统取不同的时间常数 T 时，系统的脉冲响应波形。
（2）记录一阶系统取不同的时间常数 T 时，系统的阶跃响应波形及其时域指标。
（3）记录一阶系统取不同的时间常数 T 时，系统的斜坡响应波形及其稳态性能。

5. 拓展思考

（1）分析一阶系统的时间常数 T 对系统动态性能的影响。
（2）如何用实验方法测定一阶系统的时间常数 T?
（3）总结一阶系统对不同典型输入信号的跟踪能力。

3.3.2 二阶系统的时域分析仿真实验

1. 实验目的

（1）研究二阶系统在单位阶跃响应下的性能指标。
（2）通过响应曲线观察自然振荡频率和阻尼比对二阶系统性能的影响。
（3）熟练掌握系统稳定性的判断方法。
（4）了解二阶系统性能改善的方法。

2. 预习要求

（1）掌握二阶系统的数学模型及阻尼比对极点分布的影响。
（2）掌握自然振荡频率和阻尼比与二阶系统性能指标的关系。
（3）掌握分别施加比例—微分与测速反馈后的二阶系统性能改变。
（4）熟悉 MATLAB 分析阶跃响应的图解法与编程法。

3. 实验内容

对典型二阶系统

$$G(s)=\frac{\omega_n^{\ 2}}{s^2+2\zeta\omega_n s+\omega_n^{\ 2}}$$

（1）$\omega_n=2(\text{rad/s})$，ζ 分别取-0.25、0、0.25 时，判断系统的稳定性。

（2）分别绘出 $\omega_n=2(\text{rad/s})$，ζ 分别取 0、0.25、0.5、1.0 和 2.0 时的单位阶跃响应曲线，分析参数 ζ 对系统的影响，并计算 $\zeta=0.25$ 时的时域性能指标 σ、t_r、t_p、t_s、e_{ss}。

（3）绘制当 $\zeta=0.25$，ω_n 分别取 1、2、4、6 时的单位阶跃响应曲线，分析参数 ω_n 对系统的影响。

（4）选取 $\omega_n=2(\text{rad/s})$，$\zeta=0.25$，给二阶系统施加比例—微分，改变微分时间常数的大小，绘制单位阶跃响应曲线。

（5）选取 $\omega_n=2(\text{rad/s})$，$\zeta=0.25$，给二阶系统施加测速反馈，改变测速反馈系数的大小，绘制单位阶跃响应曲线。

4．实验记录

（1）记录不同阻尼比取值下的系统阶跃响应波形。

（2）记录不同自然振荡频率取值下的系统阶跃响应波形。

（3）记录阶跃响应的动态与稳态性能指标。

（4）给二阶系统施加比例—微分，改变微分时间常数大小，记录单位阶跃响应波形及其指标。

（5）给二阶系统施加测速反馈，改变测速反馈系数大小，记录单位阶跃响应波形及其指标。

5．拓展思考

（1）总结判断闭环稳定性的方法。

（2）分析自然频率与阻尼比对二阶系统阶跃响应的影响。

（3）分析比例—微分与测速反馈对二阶系统性能的改善。

3.3.3 四旋翼无人机建模实验

1．实验目的

（1）学习并掌握四旋翼无人机的总体结构及工作原理。

（2）了解控制系统的各类建模方法，熟练掌握机理分析法建立数学模型的方法。

2．预习要求

（1）认真学习本书 2.1 节的内容，掌握实验原理。

（2）学习系统的建模方法、具体的实验参数和基本实验步骤。

（3）进行建模考核，检测学生的知识掌握程度。

3. 实验内容

（1）在无人机认知实验导航界面中单击右下方的“系统建模”按钮（见图 3.20），进入无人机系统建模界面，如图 3.21 所示。

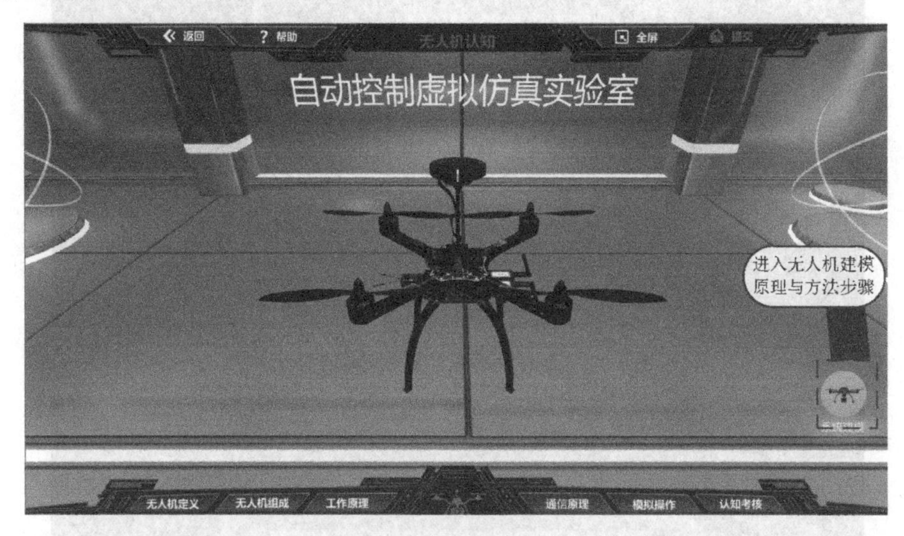

图 3.20　无人机认知实验导航界面中的系统建模按钮

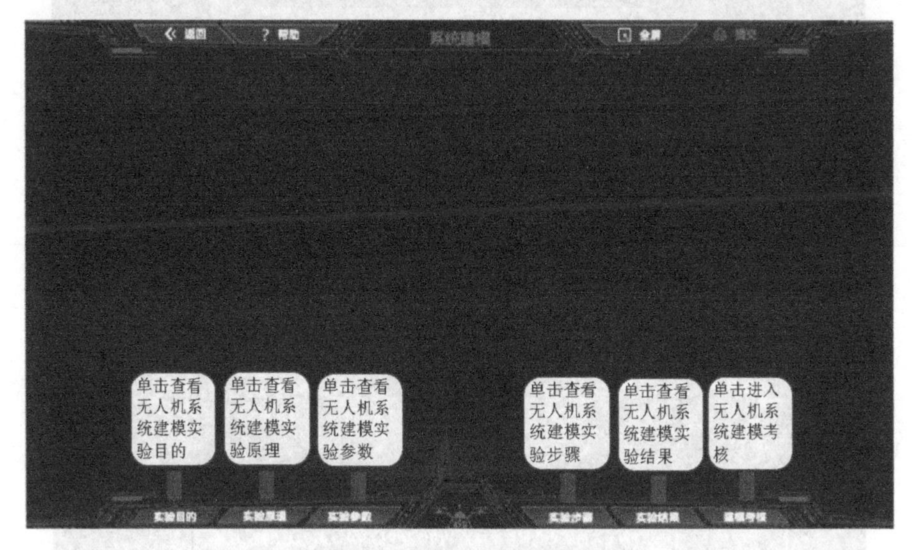

图 3.21　无人机系统建模界面

（2）单击“实验目的”按钮，界面上会显示无人机系统建模实验目的介绍，学生需要了解系统建模的目的，其界面如图 3.22 所示。

（3）单击“实验原理”按钮，界面上会显示无人机系统建模方法简述，简单介绍了常见的建立控制系统数学模型的方法，其界面如图 3.23 所示。

（4）单击“实验参数”按钮，界面上会显示对无人机实验参数的注释，其界面如图 3.24 所示。

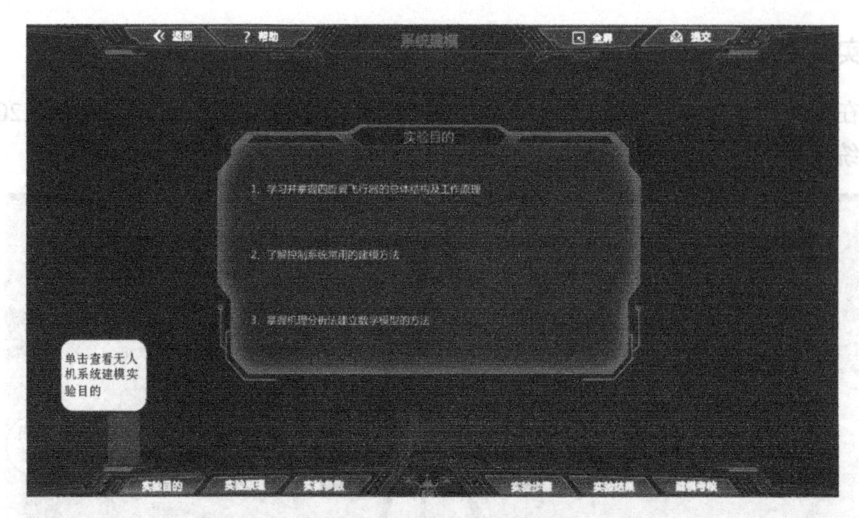

图 3.22　无人机系统建模实验目的界面

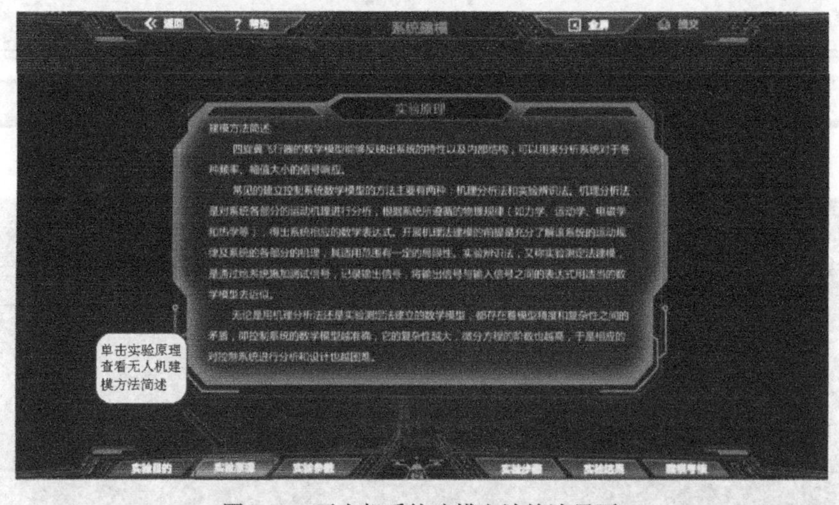

图 3.23　无人机系统建模方法简述界面

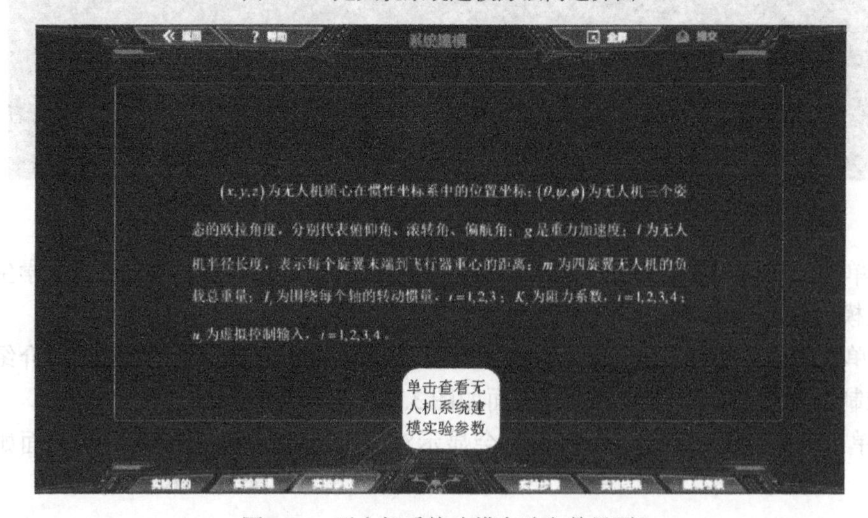

图 3.24　无人机系统建模实验参数界面

（5）单击“实验步骤”按钮，界面上会显示无人机系统建模实验的具体步骤，包括假设模型、坐标系建立、动力学方程建模，其界面如图 3.25 所示。

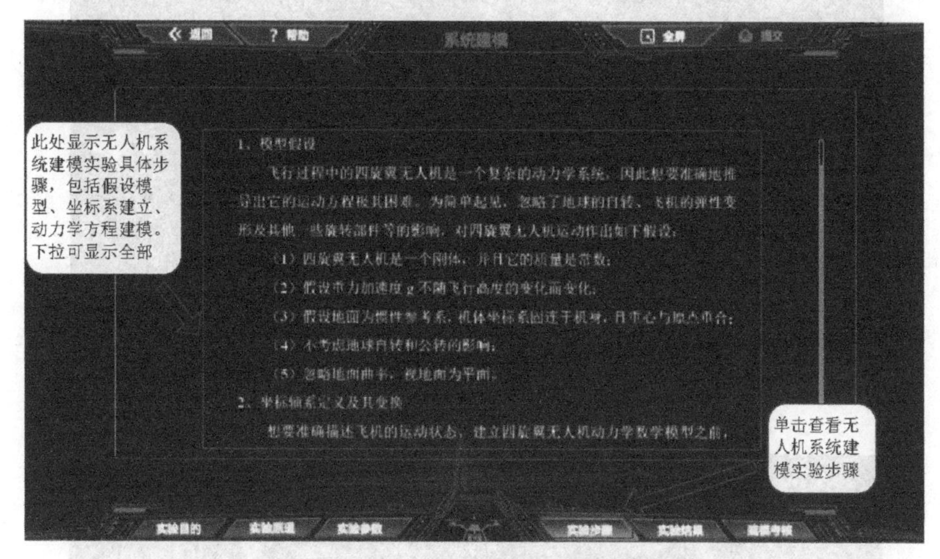

图 3.25　无人机系统建模实验步骤界面

（6）单击“实验结果”按钮，界面上会显示建模后简化的无人机动力学模型，其界面如图 3.26 所示。

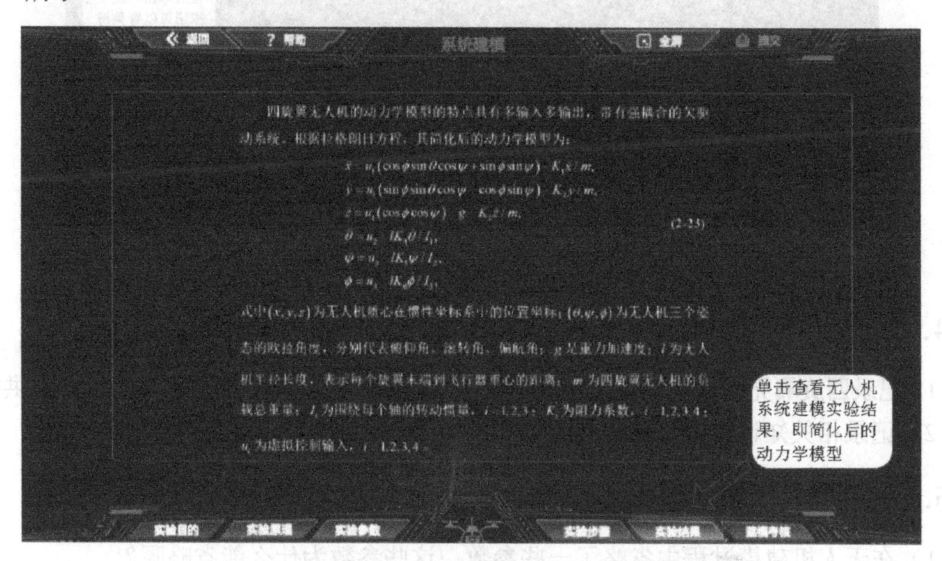

图 3.26　无人机系统建模实验结果界面

（7）在掌握无人机的系统建模方法之后，单击“建模考核”按钮，会进行答题考核，考核共 5 道题目，其界面如图 3.27 所示，通过题目检验学生对无人机建模的掌握程度。做完全部题目后单击“提交”按钮，界面上会显示所有题目的得分情况，其界面如图 3.28 所示。

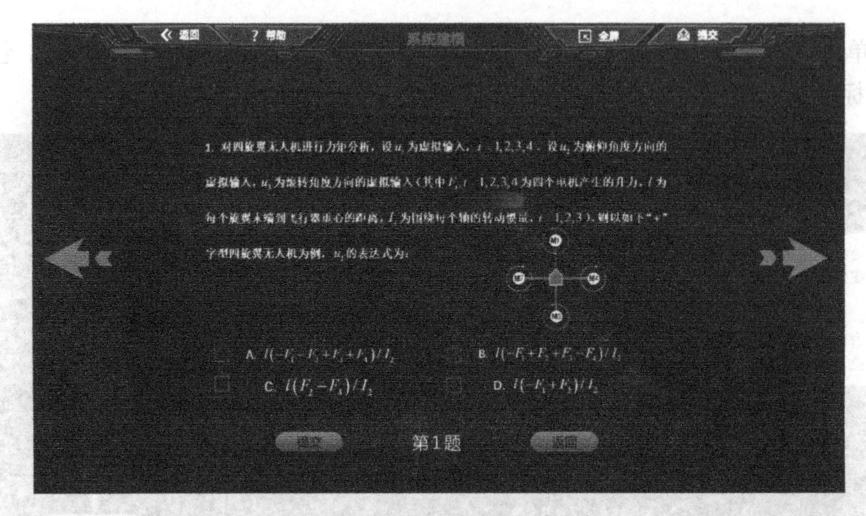

图 3.27　无人机系统建模考核界面

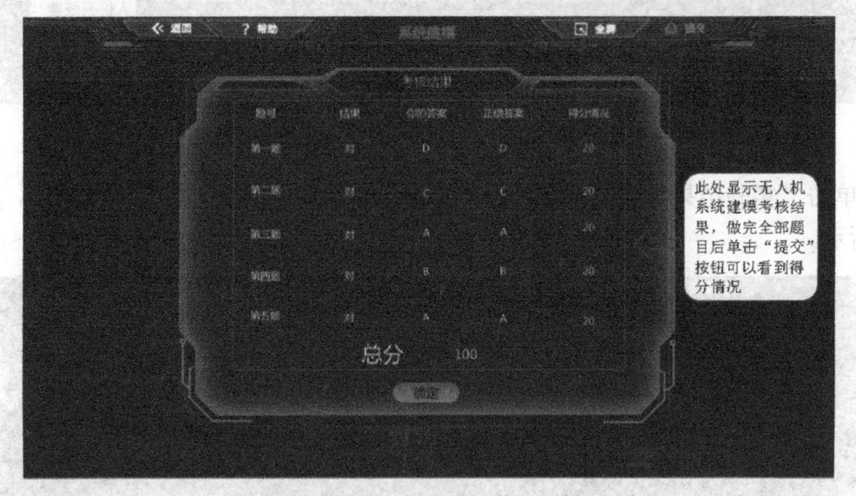

图 3.28　无人机系统建模考核结果界面

4. 实验记录

（1）记录四旋翼无人机建模方法，为后期 PID 控制算法和滑模控制算法的设计提供指导。
（2）记录相关知识，通过建模考核。

5. 拓展思考

（1）在无人机建模过程中省略了一些参数，这些参数为什么能省略呢？
（2）参考无人机的建模思路，对其他动力学系统进行建模。

3.3.4 虚拟仿真下的时域分析

1. 实验目的

（1）了解并研究四旋翼无人机的基本控制结构和飞行控制系统特性。

（2）通过对无人机位置及姿态的独立调试，研究参数变化对无人机控制时域性能的影响。

2．预习要求

学习了解以下概念。

（1）上升时间：响应从终值的 10%上升到终值的 90%所需的时间。

（2）峰值时间：响应超过其终值到达第一个峰值所需的时间。

（3）调节时间：系统响应到达并保持在终值的 5%以内所需的最短时间。

（4）超调量：响应的最大偏离量与终值的差除以终值所得的百分数。

（5）稳态误差：系统从一个稳态过渡到新的稳态，或系统受扰动作用又重新平衡后，系统出现的偏差。

3．实验内容

在虚拟仿真平台中完成以下步骤。

（1）通过阅读实验必读，学习时域分析的基本知识。

（2）完成 5 道理论知识题目考核。

（3）完成时域特性下的姿态分析。

①依次完成俯仰、横滚、偏航、X 轴、Y 轴、Z 轴 3 个通道的时域实验，在每个通道实验中设置相应的 PID 参数；

②通过姿态角曲线和误差曲线，分析实验结果，得到满足收敛要求的曲线；

③查看实验结果，记录每次实验的性能指标。

（4）完成时域特性下的位置分析。

①依次完成 X 轴、Y 轴、Z 轴 3 个通道的时域实验，在每个通道实验中设置相应的 PID 参数；

②通过姿态角曲线和误差曲线，分析实验结果，得到满足收敛要求的曲线；

③查看实验结果，记录每次实验的性能指标。

4．实验记录

（1）记录每个通道实验的姿态曲线和误差曲线。

（2）记录并分析每次实验的性能指标。

（3）总结 PID 三个参数对系统性能的影响。

5．拓展思考

（1）思考 PID 三个参数对系统性能的影响。

（2）根据实验思考调节 PID 参数的方法，使得系统的超调量、调节时间、稳态误差满足要求。

第4章 根轨迹分析与设计

闭环控制系统的稳定性和性能指标主要由闭环极点在复平面的位置决定，为了求出闭环极点，就需要求解高阶代数，往往人工计算非常困难，当参数变化时又要重新求解。于是，美国伊文思提出了根轨迹法，由开环传递函数的零、极点求出闭环极点，这是一种图解法。

根轨迹是指开环传递函数中某个参数（如开环增益 K）从零变化到无穷时，闭环特征根（极点）在复平面上移动的轨迹。按照相角的不同，根轨迹又分为 180°（常规）根轨迹和零度根轨迹。

4.1 绘制根轨迹的基本法则

绘制常规根轨迹常用下面 8 条绘制基本法则。

4.1.1 根轨迹的分支数、对称性、连续性

分支数就是开环极点数，也就是开环特征方程的阶数。根轨迹对称于实轴，闭环极点为实数时，落在实轴上，闭环极点为复数时，共轭复数极点对称于实轴。根轨迹线是连续的。

4.1.2 根轨迹的起点与终点

根轨迹起始于开环极点，终止于开环零点。若开环零点数 m 小于开环极点数 n（有 $n-m$ 个开环零点在无穷远处），则有 $n-m$ 条根轨迹趋于无穷远点。

4.1.3 根轨迹的渐近线

渐近线与实轴正方向的夹角为

$$\frac{(2k+1)\pi}{n-m} \tag{4-1}$$

渐近线与实轴相交点的坐标为

$$\frac{\sum_{i=1}^{n} p_i - \sum_{j=1}^{m} z_j}{n-m} \tag{4-2}$$

4.1.4 实轴上的根轨迹

落在实轴上的零极点，刚好将实轴从负无穷到正无穷分成了若干个小区间，那么现在的问题是，实轴上的这些小区间，哪些是根轨迹经过的区间呢？对于 180° 根轨迹来说，实轴上根轨迹区段的右侧，开环零、极点数目之和应为奇数，注意是实数零、极点，复数零、极点不参与计算。

4.1.5 根轨迹的分离点与分离角

分离点是指几条（两条或两条以上）根轨迹在 s 平面上相遇又分开的点。

若根轨迹位于实轴两相邻开环极点之间，则此二极点之间至少存在一个分离点。分离点可由下面的方程求得

$$\sum_{i=1}^{n} \frac{1}{d-p_i} = \sum_{j=1}^{m} \frac{1}{d-z_j} \tag{4-3}$$

分离点处的根轨迹增益称为临界阻尼根轨迹增益。

分离角是指根轨迹离开分离点处的切线与实轴正方向的夹角。当两条根轨迹分离时，夹角为±90°。

4.1.6 根轨迹的起始角与终止角

根轨迹的起始角（出射角）：根轨迹在起点处的切线与水平正方向的夹角。

根轨迹的终止角（入射角）：终止于某开环零点的根轨迹在该点处的切线与水平正方向的夹角。

起始角是指从极点出发的角，终止角是指终止于零点的角，那么也可以这样理解，将起始角看成极点角，终止角看成零点角。

4.1.7 根轨迹与虚轴的交点

基本原则：如果根轨迹与虚轴相交，则交点坐标和根轨迹增益可用劳思判据判定，也可令闭环特征方程中的 $s=wj$，然后分别令其实部和虚部为零求得。

根轨迹与虚轴交点处的根轨迹增益称为临界稳定根轨迹增益。注意根轨迹增益和开环增益的转换公式。

4.1.8 根之和

开环极点之和等于闭环极点之和。根轨迹上的每一个点对应闭环特征方程的一个根，同时对应闭环系统的某一个极点，这三个是一一对应的。

4.2 根轨迹绘制常用函数

绘制根轨迹的主要函数有 rlocus、rlocfind、pzmap。

MATLAB 中绘制根轨迹的函数调用格式如下所述：

```
rlocus (num,den) ;                     %开环增益 K 的范围自动设定
rlocus (p,z) ;                         %依据开环零极点绘制根轨迹
```

其中，num,den 分别为系统开环传递函数的分子、分母多项式的系数，按 s 的降幂排列。

在 MATLAB 中，提供了 rlocfind 函数获取与特定的复根对应的增益 K 的值。在求出的根轨迹图上，可确定选定点的增益值 K 和闭环根 $\boldsymbol{p}$（向量）的值。该函数的调用格式如下所述：

```
[k,p]=rlocfind (num,den) ;
```

执行前，先执行绘制根轨迹命令 rlocus（num,den），作出根轨迹图。在执行 rlocfind 命令时，出现提示语句“Select a point in the graphics window”，即要求在根轨迹图上选定闭环极点。将鼠标移至根轨迹图选定的位置，单击确定，根轨迹图上出现“+”标记，即得到了该点的增益 K 和闭环根 $\boldsymbol{r}$ 的返回变量值。

例 4.1 某负反馈系统的开环传递函数为 $G(s)=\dfrac{K}{s(s^2+2s+2)(s^2+6s+13)}$，绘制根轨迹。

建立传递函数：

```
num=[1];
d1=[1 22] ;
d2=[1 613] ;
den1=conv (d1,d2) ;
den= [den10] ;% den=[1 8 27 38 26 0];
G=tf (num,den) ;
```

如果需要，可以用 pzmap 在复平面内标出零极点，零极点分布图如图 4.1 所示。

```
pzmap (G) ;
```

输入 rlocus 绘制根轨迹，根轨迹图如图 4.2 所示。

```
rlocus (G) ;
```

执行 rlocfind 命令，用鼠标将“+”移动到根轨迹与虚轴的交点处，单击或者按回车键，此时的闭环极点和增益 K 就会在图上或命令行中显示。也可以输入

```
[k,p]=rlocfind (G) ;
```

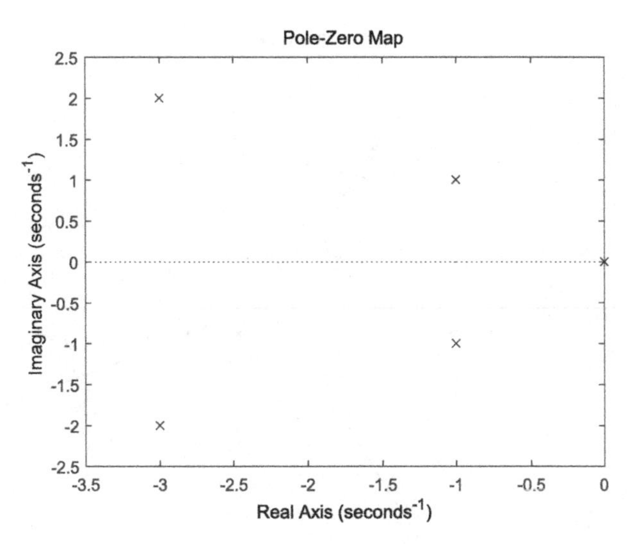

图 4.1　零极点分布图

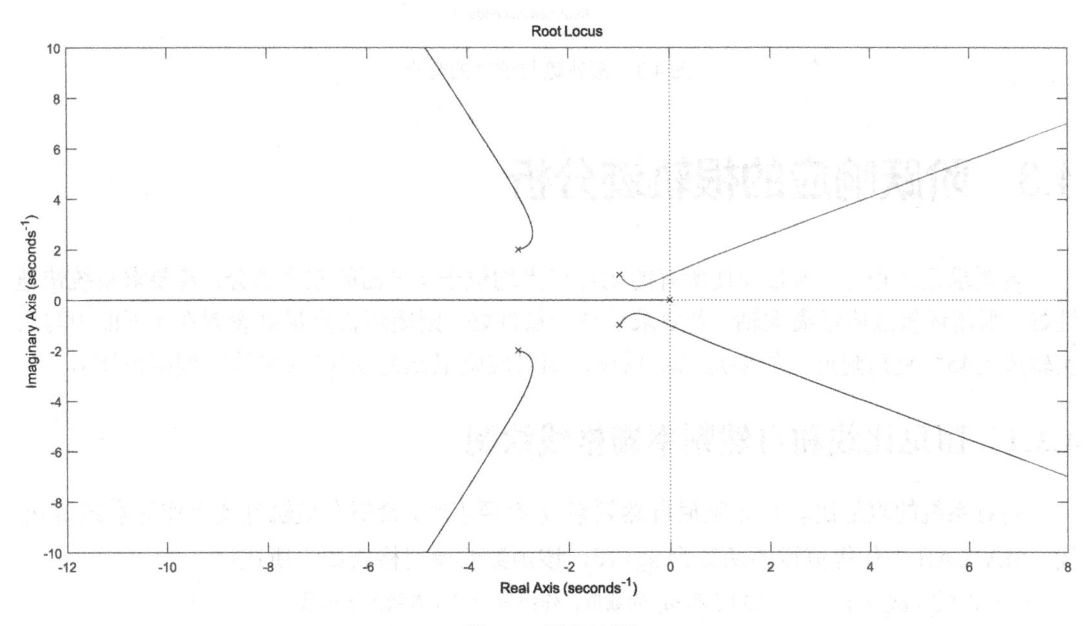

图 4.2　根轨迹图

然后在根轨迹上标记点，根轨迹与虚轴的交点如图 4.3 所示，根轨迹与虚轴有交点，手动选取不太精确。

```
k = 31.6751
p =
  -2.8081 + 2.1870i
  -2.8081 - 2.1870i
  -2.4206 + 0.0000i
   0.0184 + 1.0162i
   0.0184 - 1.0162i
```

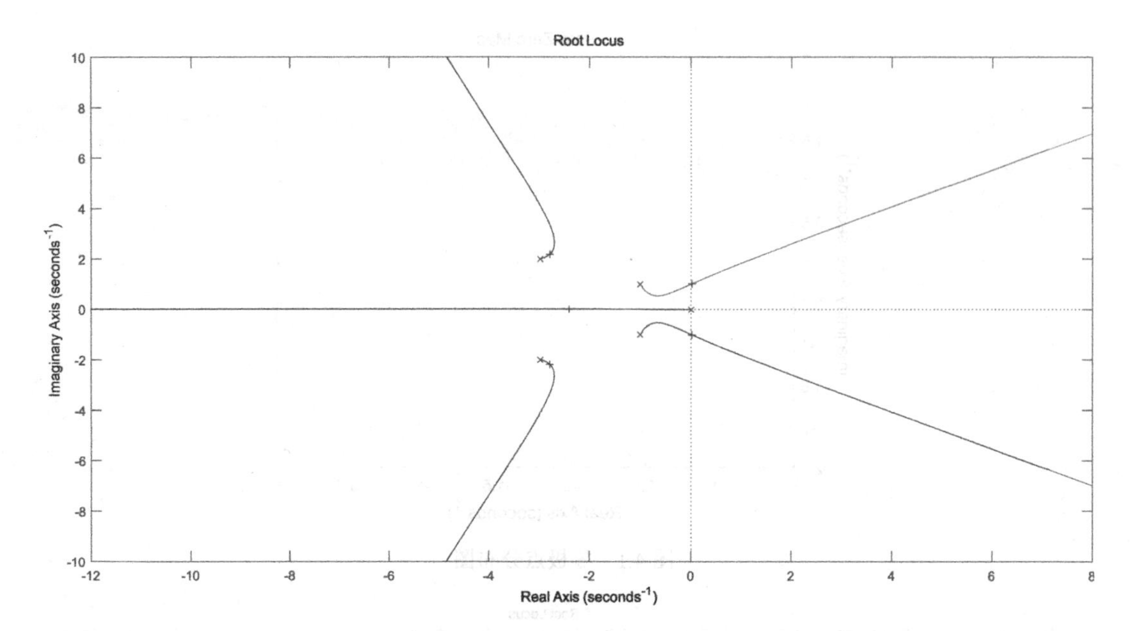

图 4.3　根轨迹与虚轴的交点

4.3　阶跃响应的根轨迹分析

若要求系统稳定，则必须使所有的闭环极点均位于 s 平面的左半部分。若要求系统快速性好，则闭环极点应远离虚轴。若要求系统平稳性好，则闭环极点最好设置在 s 平面中与负实轴成±45° 夹角附近，如果是二阶系统，则对应阻尼比为 0.707（最佳工程阻尼比）。

4.3.1　阻尼比线和自然频率栅格线绘制

当对系统的阻尼比 ζ 和无阻尼自然频率 ω_n 有要求时，希望在根轨迹图上作等 ζ 或等 ω_n 线。MATLAB 中作等值线的函数为 sgrid，该函数的调用格式如下所述：

```
sgrid (ζ, ωn) ;        %已知ζ和ωn 的数值，作出等于已知参数的等值线
sgrid;
```

例 4.2　单位负反馈系统的开环传递函数为 $G(s)=\dfrac{K}{s(s+1)(s+2)}$，由 rlocfind 函数找出能产生主导极点阻尼 $\zeta=0.707$ 的合适增益。接近阻尼比 0.707 的主导极点如图 4.4 所示。

```
G=tf (1,[conv ([1,1],[1,2]) ,0]) ;
zet=[0.1:0.2:1];wn=[1:10];
sgrid (zet,wn) ;
hold on;
rlocus (G) ;
[k,p]=rlocfind (G) ;
```

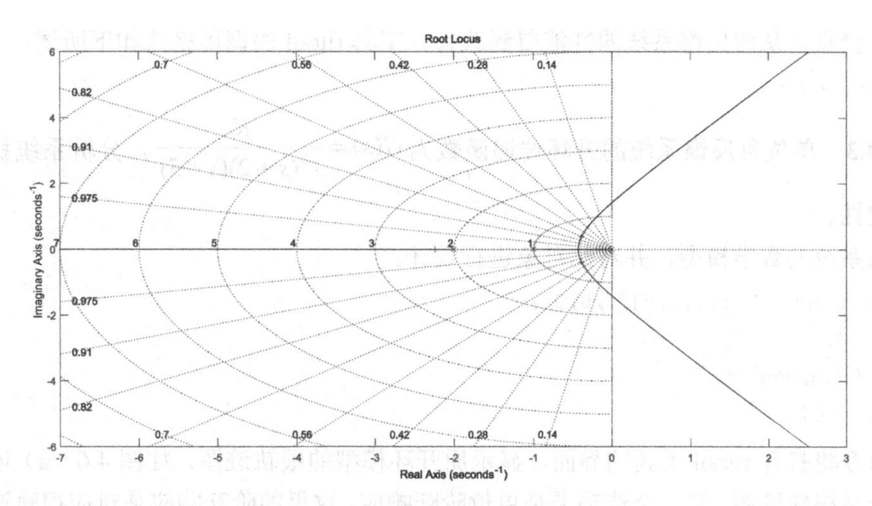

图 4.4　接近阻尼比 0.707 的主导极点

```
k = 0.6613
p = -2.2385 + 0.0000i
-0.3807 + 0.3879i
 -0.3807 - 0.3879i
```

同时绘制出该增益下闭环系统的阶跃响应，阻尼比接近 0.707 的阶跃响应如图 4.5 所示。事实上，等ζ或等ω_n线在设计系补偿器中是相当实用的，这样设计出的增益 K=0.6613 将使得整个系统的阻尼比接近 0.707。

```
G=tf (0.6613,[conv ([1,1],[1,2]) ,0]) ;
Gf=feedback (G,1) ;
step (Gf) ;
```

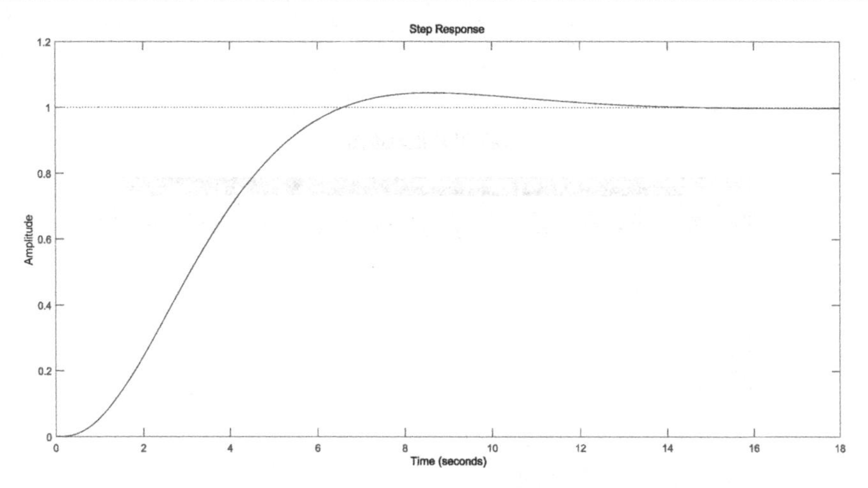

图 4.5　阻尼比接近 0.707 的阶跃响应

4.3.2 根轨迹分析与设计工具 rltool

MATLAB 提供了一种系统根轨迹分析与设计工具 rltool，通过图形界面，可以可视化操作添加零极点，从而使得系统的性能得到改善。工具 rltool 的调用格式如下所述：

```
rltool (G) ;
```

例 4.3 单位负反馈系统的开环传递函数为$G(s)=\dfrac{K}{s^2(s+2)(s+5)}$，分析系统稳定性并改善稳定性。

输入系统的数学模型，并对此对象进行设计。

```
den=[ conv ([1,2],[1,5]) ,0,0];
num=[1];
G=tf (num,den) ;
rltool (G) ;
```

该命令将打开 rltool 工具的界面，显示原开环模型的根轨迹图，如图 4.6（a）所示，一个选项卡是根轨迹图，另一个选项卡是单位阶跃响应，这里的阶跃响应是对应根轨迹图中可移动红色极点的所在位置的阶跃响应。单击选项卡切换，则将打开一个新的窗口，可见闭环阶跃响应曲线，如图 4.6（b）所示。系统是绝对不稳定的，有很强的振荡，需要设计一个控制器来改善系统的闭环性能。

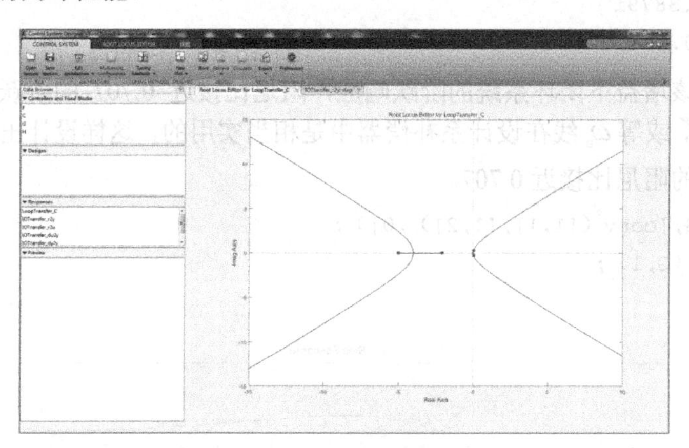

（a）开环根轨迹图

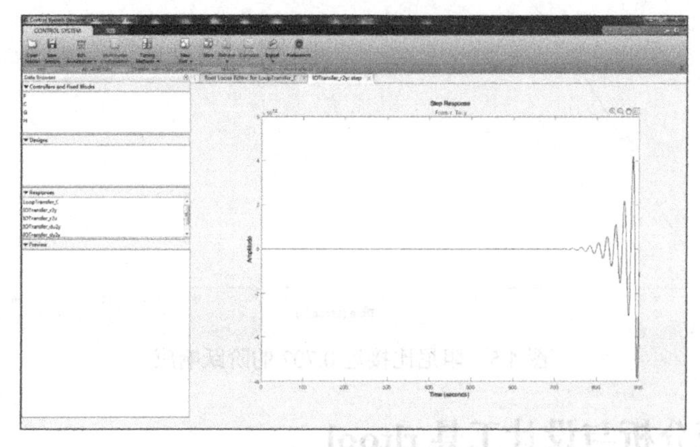

（b）闭环阶跃响应曲线

图 4.6 rltool 图形界面

选择控制系统的结构，如图 4.7 所示，F 为前置滤波器，G 为被控对象，C 为控制器，H 为反馈测量单元。在本例中，不考虑噪声，F 和 H 的增益为 1，G 为开环传递函数，C 为 K 值，只要 K 值大于 0，就有两条根轨迹趋向于复平面右半面，系统不稳定。

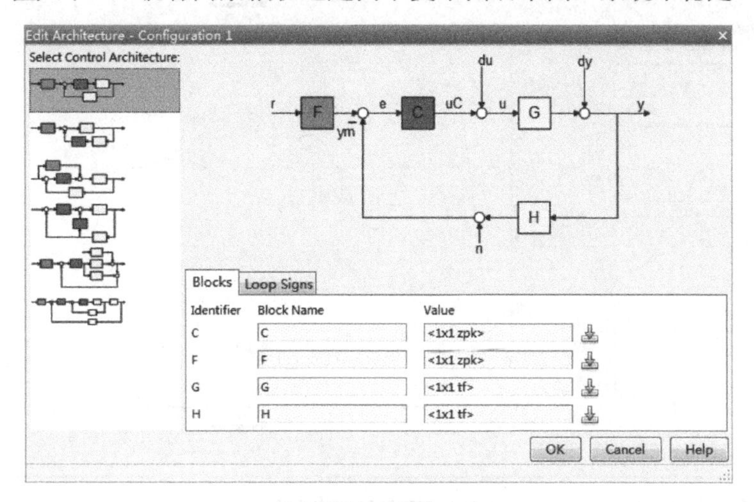

图 4.7　控制系统的结构图

设 H 传递函数为 $1+2s$，等于原系统增加一个零点，为-0.5。

```
G1=tf([2,1],1);
```

选择之前建好的传递函数 $G1$，单击 import，导入 H。

系统在 $0 < K < 22.75$ 时，是稳定的。通过给原系统增加一个零点，将一个绝对不稳定系统变成条件稳定系统。加入零点后的根轨迹图和阶跃响应曲线如图 4.8 所示。

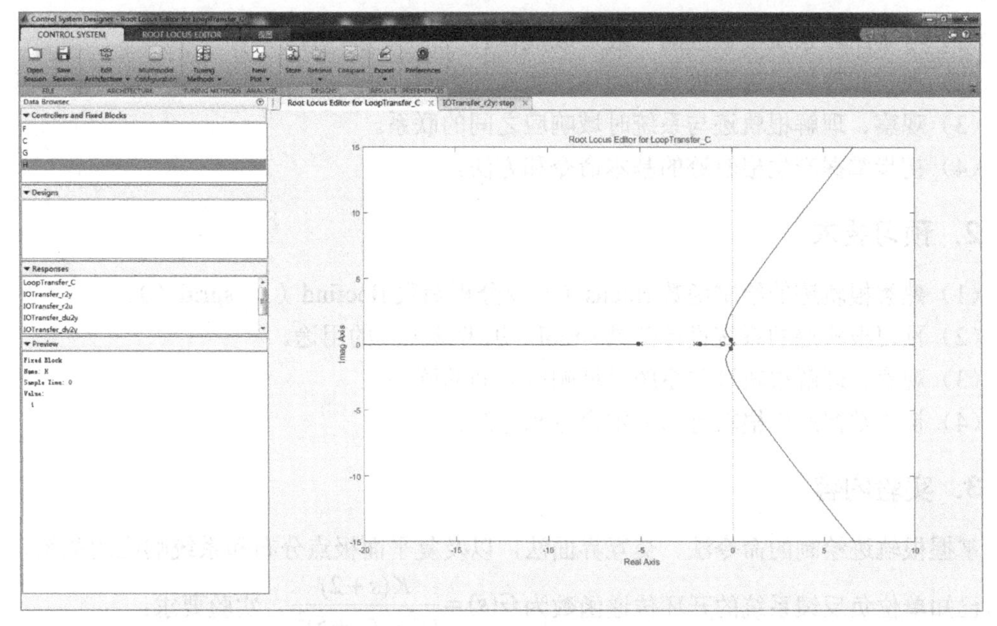

（a）开环根轨迹图

图 4.8　加入零点后的根轨迹图和阶跃响应曲线

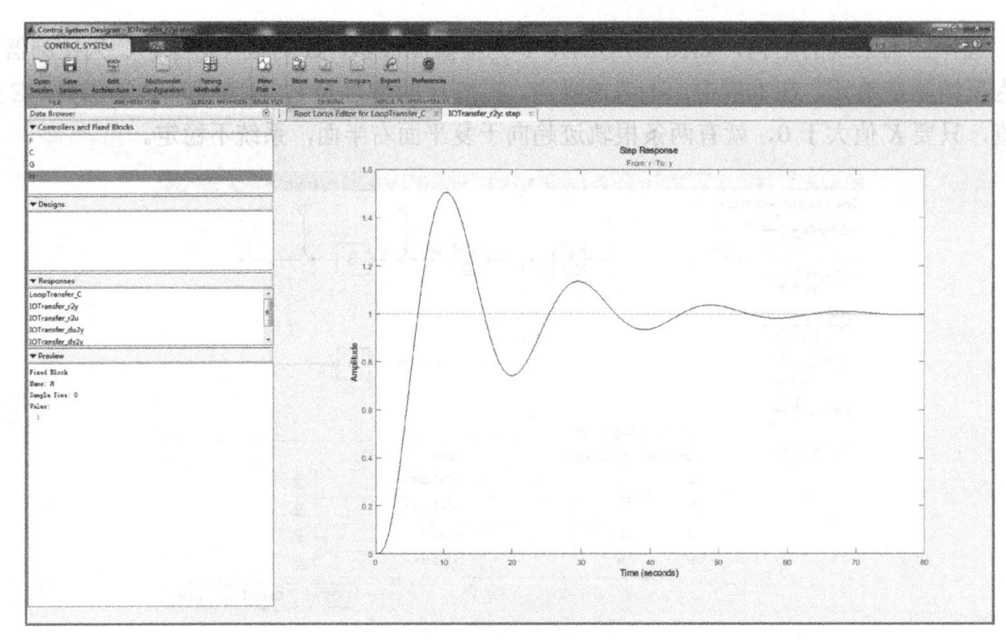

（b）闭环阶跃响应曲线

图 4.8 加入零点后的根轨迹图和阶跃响应曲线（续）

4.4 线性系统根轨迹仿真实验

1. 实验目的

（1）考察闭环系统根轨迹的一般形成规律。

（2）观察和理解引进零极点对闭环根轨迹的影响。

（3）观察、理解根轨迹与系统时域响应之间的联系。

（4）初步掌握产生根轨迹的基本命令和方法。

2. 预习要求

（1）熟悉根轨迹的绘制函数 rlocus（）及分析函数 rlocfind（）、sgrid（）。

（2）预习根轨迹的系统设计工具 rltool，思考该工具的用途。

（3）观察、理解根轨迹与系统时域响应之间的联系。

（4）初步掌握产生根轨迹的基本命令和方法。

3. 实验内容

掌握根轨迹绘制的命令法、交互界面法，以及复平面极点分布和系统响应的关系。

已知单位负反馈系统的开环传递函数为 $G(s)=\dfrac{K(s+2)}{(s^2+4s+5)^2}$，实验要求：

（1）试用 MATLAB 的 rlocus 命令，绘制闭环系统根轨迹。（要求写出命令，并绘出图形。）

（2）利用 MATLAB 的 rlocfind 命令，确定根轨迹的分离点、根轨迹与虚轴的交点。（要求写出命令，并给出结果。）

（3）利用 MATLAB 的 rlocfind 命令，求出系统临界稳定增益，并用命令验证系统的稳定性。

（4）利用 rltool 交互界面，获取和记录根轨迹分离点、根轨迹与虚轴的交点处的关键参数，并与前面所得的结果进行校对验证。（要求写出记录值，并给出说明）。

（5）在 rltool 界面上，打开闭环的阶跃响应界面，然后用鼠标使闭环极点（方块）从开环极点开始沿根轨迹不断移动，在观察三个闭环极点运动趋向的同时，注意观察系统阶跃响应的变化。根据观察，①写出响应中出现衰减振荡分量时 K 的取值范围；②写出该响应曲线呈现"欠阻尼"振荡型时 K 的取值范围。

（6）添加零点或极点对系统性能的影响，以二阶系统为例，开环传递函数为 $G(s)=\dfrac{1}{(s^2+0.6s)}$。

添加零点，增加系统阻尼数，减小超调量，在 rltool 界面上进行仿真，写出未添加零点时系统的超调量、峰值、调节时间，以及添加零点后系统的超调量、峰值、调节时间，同时写出系统添加零点的数值，并进行理论分析。

4. 实验记录

（1）绘制相应的根轨迹，记录分离点，以及与虚轴交点的数据。

（2）利用 rltool 工具，添加零点对系统性能的影响，记录动态性能改善的时域性能指标。

5. 拓展与思考

（1）思考系统参数 K 的变化对系统稳定性的影响。

（2）思考加入极点或零点对系统动态性能的影响。

第 5 章 线性系统的频域分析法

控制系统中的信号可以表示为不同频率正弦信号的组成。控制系统的频率特性反映了正弦信号作用下系统响应的性能。研究在正弦输入信号作用下系统响应的性能的方法称为频域分析法。

5.1 频率特性

5.1.1 频率特性的基本概念

当正弦信号作用于稳定的线性系统时，系统输出的稳态分量依然为同频率的正弦信号，这种过程称为系统的频率响应。

设有稳定的线性定常系统，在正弦信号的作用下，系统输出的稳态分量为同频率的正弦函数，其振幅与输入正弦信号的振幅之比 $A(\omega)$ 称为幅频特性；其相位与输入正弦信号的相位之差 $\phi(\omega)$ 称为相频特性。系统频率响应与输入正弦信号的复数比称为系统的频率特性，可表示为 $G(\mathrm{j}\omega)=A(\omega)\mathrm{e}^{\mathrm{j}\phi(\omega)}$ 。

上述的频率特性定义还可以推广到非线性系统中，当系统满足一定条件，系统非线性环节在正弦信号作用下的输出可用一次谐波分量来近似，由此导出非线性环节的近似频率特性，即描述函数。

设系统的传递函数为 $G(s)=\dfrac{C(s)}{R(s)}$，系统频率特性和传递函数有如下关系式成立：

$$G(\mathrm{j}\omega)=G(s)|_{s=\mathrm{j}\omega}$$

5.1.2　频率特性的几何表示法

常用的频率特性曲线有以下三种。

（1）幅相频率特性曲线，也称极坐标图或 Nyquist 曲线。它以横轴为实轴，纵轴为虚轴构成复数平面。它以 ω为参变量，用复平面上的向量来表示频率特性值$G(\mathrm{j}\omega)$。由于幅频特性为ω的偶函数，相频特性为ω的奇函数，故ω从零变化到$+\infty$和ω从零变化到$-\infty$的幅相曲线关于实轴对称，因此一般只绘制ω从零变化到$+\infty$的幅相曲线。在系统幅相曲线中，频率ω为参变量，一般用小箭头表示ω增大时幅相曲线的变化方向。图 5.1 所示为惯性环节的开环幅相曲线，在复平面，把频率特性的模和角同时表示出来的图就是极坐标图。

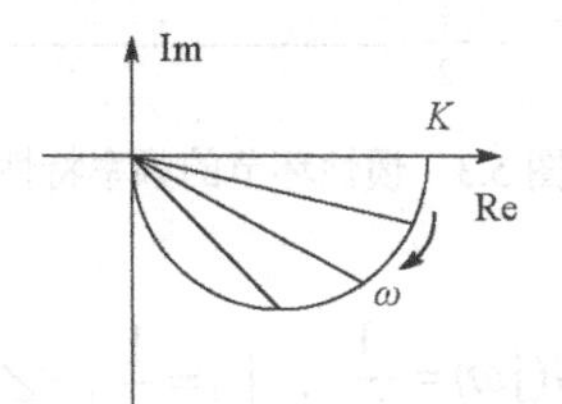

图 5.1　惯性环节的开环幅相曲线

（2）对数频率特性曲线，也称伯特图。它由对数幅频曲线和对数相频曲线组成。对数频率特性曲线横坐标为ω轴，以对数刻度表示之，十倍频程，纵坐标表示为

$$L(\omega)=20\lg\left|G(\mathrm{j}\omega)\right|=20\lg A(\omega)\text{（单位为 dB）}$$

对数相频曲线的纵坐标表示为$\phi(\omega)$，单位为度（°）。

对数频率特性的优点如下所述：

①展宽频率范围；

②增益变化，幅频特性曲线只是上下移动，时间常数变化，相频特性曲线只是左右移动，而曲线形状不变；

③几个频率特性相乘，对数幅、相曲线相加；

④两个频率特性互为倒数，幅、相特性反号，关于ω轴对称。

图 5.2 所示为惯性环节的对数频率特性。

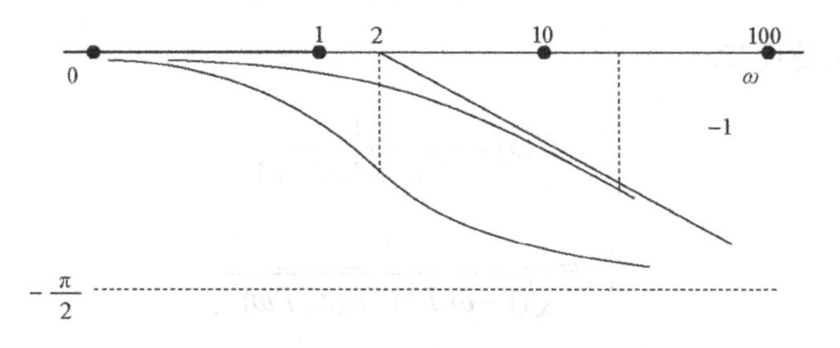

图 5.2　惯性环节的对数频率特性

（3）对数幅相曲线，也称尼科尔斯图。它的纵坐标是$L(\omega)$，单位为 dB；横坐标为$\phi(\omega)$，单位为度（°），均为线性分度，频率ω为参变量。

5.1.3　典型环节的频率特性

（1）惯性环节：$G(s)=\dfrac{1}{Ts+1}$，$G(\mathrm{j}\omega)=\dfrac{1}{T\mathrm{j}\omega+1}$，$|\;|=\dfrac{1}{\sqrt{1+\omega^2T^2}}$，$\angle=-\arctan\omega T$ 。图 5.3 所示为惯性环节的频率特性。

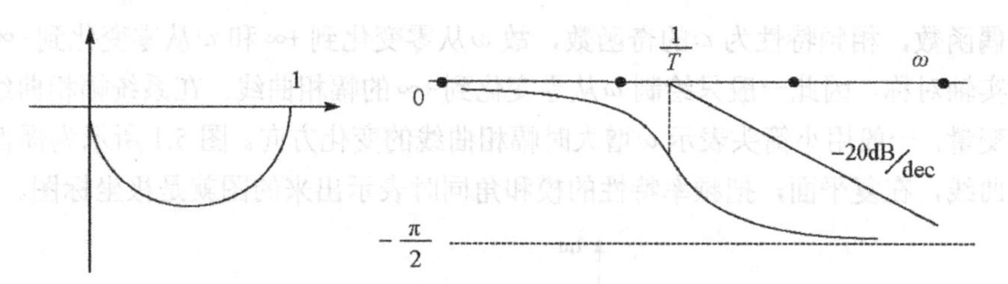

图 5.3　惯性环节的频率特性

（2）积分环节：$G(s)=\dfrac{1}{s}$，$G(\mathrm{j}\omega)=\dfrac{1}{\mathrm{j}\omega}$，$|\;|=\dfrac{1}{\omega}$，$\angle=-90°$ 。

图 5.4 所示为积分环节的 Bode 图。

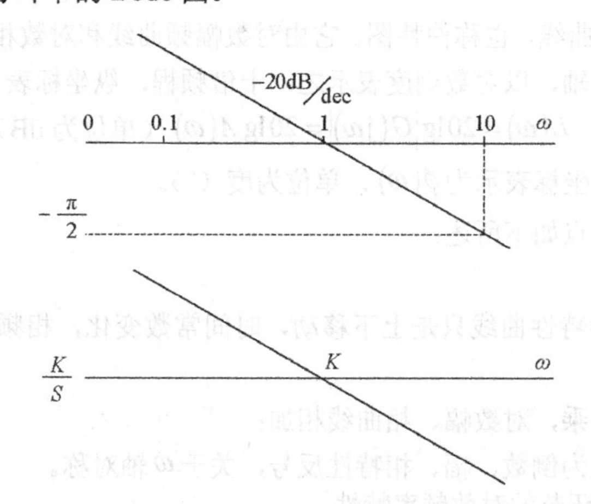

图 5.4　积分环节的 Bode 图

（3）二阶振荡环节：

$$G(s)=\frac{1}{T^2s^2+2\zeta Ts+1}$$

$$|\;|=\frac{1}{\sqrt{(1-\omega^2T^2)^2+(2\zeta T\omega)^2}}$$

$$\angle=-\arctan\frac{2\zeta\omega T}{1-\omega^2T^2}$$

显然幅相特性都与 ζ 有关，相角变化范围为 0～-180°。

可以证明，峰值频率 $\omega_r = \frac{1}{T}\sqrt{1-2\zeta^2}$，峰值 $M_r = \frac{1}{2\zeta\sqrt{1-\zeta^2}}$。

图 5.5 所示为二阶振荡环节的频率特性。

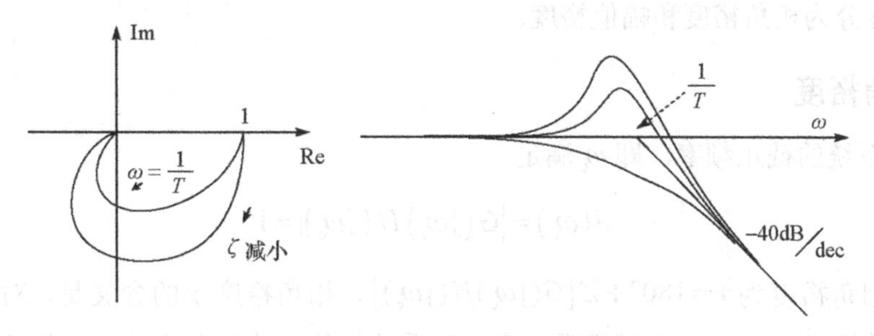

图 5.5　二阶振荡环节的频率特性

（4）延时环节：$G(s)=\mathrm{e}^{-\tau s}$，$G(\mathrm{j}\omega)=\mathrm{e}^{-\tau\mathrm{j}\omega}=\cos\omega\tau-\mathrm{j}\sin\omega\tau$，$|\ |=1$，$\angle=-\omega\tau$。

图 5.6 所示为延时环节的频率特性。

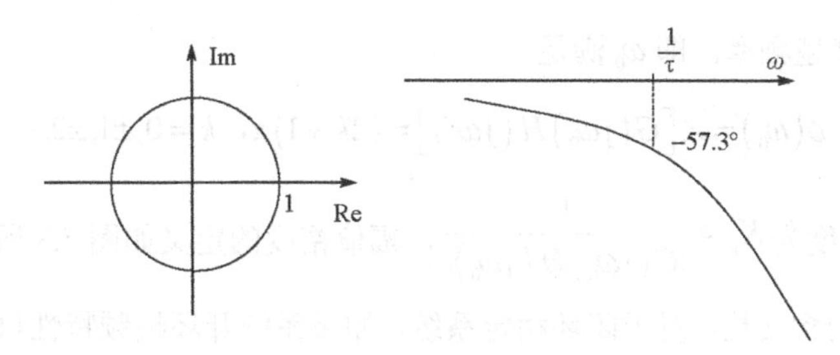

图 5.6　延时环节的频率特性

5.2　稳定判据和稳定裕度

常用的频率稳定判据为 Nyquist 稳定判据和对数频率稳定判据。衡量系统相对稳定性，常用稳定裕度来判定稳定程度。

5.2.1　Nyquist 稳定判据

反馈控制系统在 s 右半平面上的闭环极点的个数为 $Z=P-2N$，其中，P 为 s 右半平面上系统的开环极点数，N 为开环幅相曲线逆时针包围 $(-1,\mathrm{j}0)$ 点的圈数。

5.2.2　对数频率稳定判据

设 P 为开环控制系统正实部的极点数，反馈控制系统稳定的充分必要条件是 $\phi(\omega_c)\neq(2k+1)\pi\ (k=0,1,2,\cdots)$ 和 $L(\omega)>0$ 时，Γ_ϕ 曲线穿越 $(2k+1)\pi$ 线的次数 $N=N_+-N_-$ 满足 $Z=P-2N=0$。

5.2.3 稳定裕度

稳定裕度分为相角裕度和幅值裕度。

1. 相角裕度

若ω_c为系统的截止频率，即ω_c满足

$$A(\omega_c)=|G(j\omega_c)H(j\omega_c)|=1$$

则定义相角裕度为$\gamma=180^\circ+\angle[G(j\omega_c)H(j\omega_c)]$，相角裕度$\gamma$的含义是，对于闭环稳定系统，如果系统开环相频特性再滞后γ度，则系统将处于临界稳定状态。相角裕度的定义如图 5.7 所示。

2. 幅值裕度

ω_0为系统的穿越频率，即ω_0满足

$$\phi(\omega_0)=\angle[G(j\omega_0)H(j\omega_0)]=(2k+1)\pi，k=0,\pm1,\pm2,\cdots$$

则定义幅值裕度为$K_g=\dfrac{1}{|G(j\omega_0)H(j\omega_0)|}$，幅值裕度的定义如图 5.8 所示。

幅值裕度K_g的含义是，对于闭环稳定系统，如果系统开环幅频特性再增大K_g倍，则系统将处于临界稳定状态。如图 5.8 所示，当相角为−180°时，开环模小于 1，取其倒数，再用分贝表示就是幅值裕度K_g。

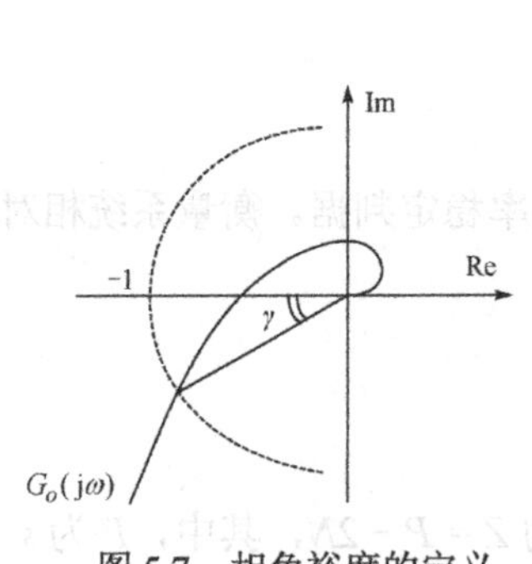

图 5.7 相角裕度的定义

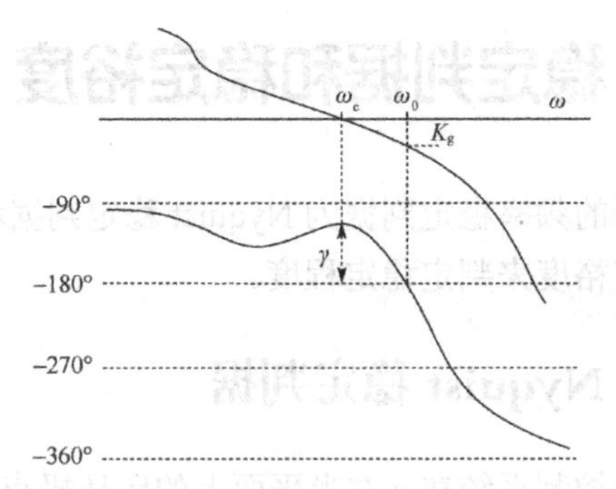

图 5.8 幅值裕度的定义

5.3 频域分析法的 MATLAB 函数

时域分析法可以用来测试控制系统的性能，但是高阶系统的时域特性很难确定，通过频率特性间接研究系统的动态响应，避免了分析高阶微分方程，并且频率法不仅适用于线性定常系统，而且可以推广到某些非线性系统中。频域分析法是应用频域特性研究控制系统的一

种经典方法。它是通过研究系统对正弦信号作用下的稳态和动态响应特性来分析系统的。采用这种方法可直观地表达出系统的频率特性，分析方法比较简单，物理概念明确。

5.3.1　频率特性绘制命令

1. Nyquist 图的绘制与分析

MATLAB 中绘制系统 Nyquist 图的函数调用格式为

```
nyquist (num,den) ;               %频率响应 w 的范围由软件自动设定
nyquist (num,den,w) ;             %频率响应 w 的范围由人工设定
[Re,Im]= nyquist (num,den) ;      %返回 Nyquist 曲线的实部和虚部向量，不作图
```

例 5.1　已知系统的开环传递函数为$G(s)=\dfrac{2s+6}{s^3+2s^2+5s+2}$，试绘制 Nyquist 图，并判断系统的稳定性。

```
num=[2 6];
den=[1 2 5 2];
[z,p,k]=tf2zp (num,den) ;
p
nyquist (num,den) ;
```

开环极点的显示结果及 Nyquist 图如图 5.9（a）所示。由于系统的开环右根数 P=0，系统的 Nyquist 曲线没有逆时针包围（-1，j0）点，所以闭环系统稳定。

图 5.9（a）给出了全频域内的 Nyquist 曲线，用右击“show”按钮，去掉“negative frequency”复选框的勾选，这样只画出正频域的 Nyquist 曲线，如图 5.9（b）所示，其中红色“+”号表示（-1，j0）点所在的位置。

```
p =
  -0.7666 + 1.9227i
  -0.7666 - 1.9227i
  -0.4668 + 0.0000i
```

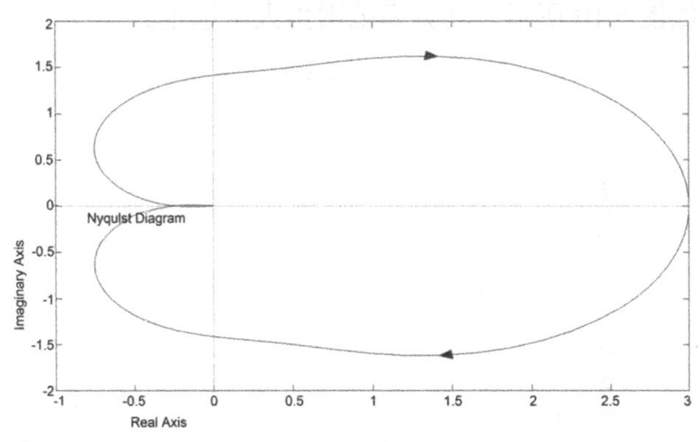

（a）开环极点的显示结果及 Nyquist 图

图 5.9　Nyquist 图

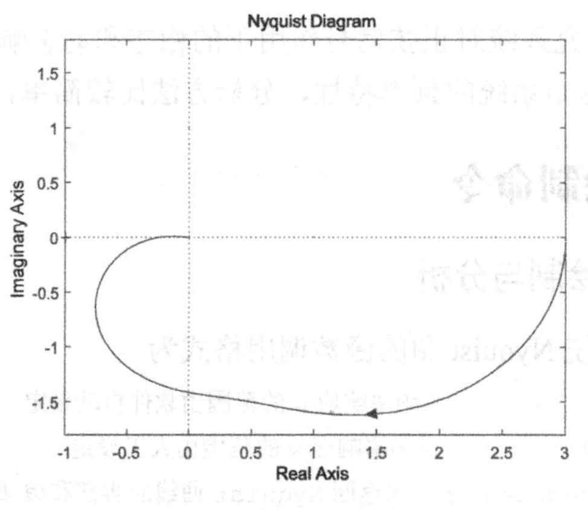

（b）正频域 Nyquist 图

图 5.9　Nyquist 图（续）

2. Bode 图的绘制与分析

系统的 Bode 图又称系统频率特性的对数坐标图。Bode 图有两幅，分别为开环频率特性的幅值、相位与角频率 ω 的关系曲线，称为对数幅频特性曲线和对数相频特性曲线。

MATLAB 中绘制系统 Bode 图的函数调用格式如下所述：

```
bode (num,den) ;                    %频率响应 w 的范围由软件自动设定
bode (num,den,w) ;                  %频率响应 w 的范围由人工设定
[mag,phase,w]=bode (num,den,w) ;    %指定幅值范围和相角范围的 Bode 图
```

例 5.2　已知开环传递函数为 $G(s)=\dfrac{30(0.2s+1)}{s(s^2+16s+100)}$，试绘制系统的 Bode 图。

```
num=[ 15   30];
den=[116100   0];
w=logspace (-2,3,100) ;
bode (num,den,w) ;
grid
```

绘制的 Bode 图如图 5.10 所示，其频率范围由人工选定。

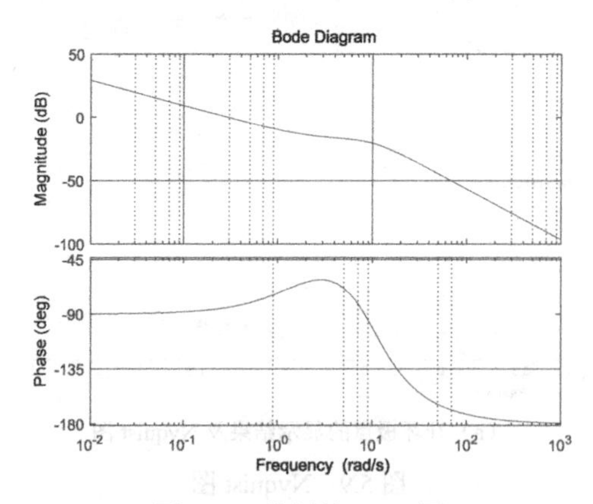

图 5.10　绘制的 Bode 图

5.3.2　幅值裕量和相位裕量

幅值裕量和相位裕量是衡量控制系统相对稳定性的重要指标，需要经过复杂的运算求取。应用 MATLAB 功能命令可以方便地求取幅值裕量和相位裕量。

其 MATLAB 调用格式如下所述：

```
[Gm,Pm,Wcg,Wcp]=margin (num,den) ;
```

其中，Gm,Pm 分别为系统的幅值裕量和相位裕量，而 Wcg,Wcp 分别为幅值裕量和相位裕量处相应的频率值。

另外，还可以先作 Bode 图，再在图上标注幅值裕量 Gm 和对应的频率 Wcg，以及相位裕量 Pm 和对应的频率 Wcp。其函数调用格式如下所述：

```
margin (num,den) ;
```

例 5.3　单位负反馈的开环传递函数为 $G(s)=\dfrac{10}{s^3+3s^2+9s}$，求其稳定裕度。对应的 MATLAB 语句如下：

```
num=10; den=[1 3 9  0];
[Gm,Pm,Wcg,Wcp]=margin (num,den) ;
Gm,Pm,Wcg,Wcp
Gm =    2.7000
Pm =   64.6998
Wcg=  3.0000
Wcp =   1.1936
```

如果已知系统的频域响应数据，还可以由下面的格式调用函数：

```
[Gm,Pm,Wcg,Wcp]=margin (mag,phase,w) ;
```

其中，（mag,phase,w）分别为频域响应的幅值、相位与频率向量。

5.4　线性系统的频域分析实验

5.4.1　二阶系统的频域分析实验

1. 实验目的

（1）绘制并观察典型开环系统的 Nyquist 曲线。
（2）绘制并观察典型开环系统的 Bode 图。
（3）运用 Nyquist 准则判断闭环系统的稳定性。
（4）掌握相关 MATLAB 命令的使用方法。

2．预习要求

（1）开环 Nyquist 曲线、Bode 图的基本成图规律。
（2）典型开环系统 Nyquist 曲线的成图规律。
（3）Nyquist 原理和使用要领，理解系统绝对稳定性和相对稳定性的判断方法。
（4）阅读和了解相关的 MATLAB 命令。

3．实验内容

（1）典型二阶系统

$$G(s)=\frac{\omega_n^2}{s^2+2\zeta\omega_n s+\omega_n^2}$$

绘制出 $\omega_n=6$，$\zeta=0.1$、0.3、0.5、0.8、2 的 Bode 图，记录并分析 ζ 对系统 Bode 图的影响。
（2）系统的开环传递函数为

$$G(s)=\frac{10}{s^2(5s-1)(s+5)}$$

$$G(s)=\frac{8(s+1)}{s^2(s+15)(s^2+6s+10)}$$

$$G(s)=\frac{4(s/3+1)}{s(0.02s+1)(0.05s+1)(0.1s+1)}$$

绘制系统的 Nyquist 曲线和 Bode 图，说明系统的稳定性。

（3）已知系统的开环传递函数为 $G(s)=\dfrac{s+1}{s^2(0.1s+1)}$，求系统的开环截止频率、穿越频率、幅值裕度和相位裕度，应用频率稳定判据判定系统的稳定性。

4．实验记录

（1）根据内容要求，写出调试好的 MATLAB 语言程序及对应的结果。
（2）记录显示的图形，根据实验结果与各典型环节的频率曲线进行对比分析。
（3）记录并分析 ζ 对二阶系统 Bode 图的影响。
（4）利用频域法分析系统，并说明用频域法分析系统的优点。

5．拓展与思考

（1）Nyquist 稳定判据和 Bode 图稳定判据的区别和联系。
（2）能否用相角裕量判别系统的稳定性呢？

5.4.2 虚拟仿真下频域的控制原理

1．实验目的

（1）了解并研究四旋翼无人机基本控制结构和飞行控制系统特性。

（2）通过对无人机姿态的独立调试，研究参数变化对无人机控制频域性能的影响。

2. 预习要求

学习了解以下概念。

（1）开环 Nyquist 曲线、Bode 图的基本成图规律。

（2）典型开环系统 Nyquist 曲线的成图规律。

（3）Nyquist 原理和使用要领，理解系统绝对稳定性和相对稳定性的判断方法。

3. 实验内容

在虚拟仿真平台中完成以下步骤。

（1）通过阅读实验必读，学习频域分析的基本知识。

（2）完成 5 道理论知识考核题。

（3）完成频域特性下的姿态分析。

①依次完成俯仰、横滚、偏航 3 个通道的时域实验，在每个通道实验中设置相应的 PID 参数；

②通过姿态角曲线和误差曲线，分析实验结果，得到满足收敛要求的曲线；

③查看实验结果，记录每次实验的性能指标。

4. 实验记录

（1）记录每个通道实验的姿态曲线和误差曲线。

（2）记录并分析每次实验的性能指标。

（3）总结 PID 三个参数对系统性能的影响。

5. 拓展思考

（1）思考系统参数对系统相频特性和幅频特性的影响。

（2）如何调节系统参数才能使得系统频域特性满足要求呢？

第 6 章　线性系统的串联校正

6.1　控制系统的校正设计方法

控制系统的校正是指在系统中加入一些其参数可以根据需要而改变的机构或装置，使系统整个特性发生变化，从而满足要求的各项性能指标。在工程中常用串联校正、反馈校正和复合校正等方法。

串联校正装置一般接在系统误差测量点之后和放大器之前，串接于系统前向通道之中。反馈校正装置接在系统局部反馈通道之中。串联校正装置的特点是设计和计算直观、简单，常用的串联校正装置有超前校正装置、滞后校正装置。

在控制系统中，校正的设计方法一般依据性能指标的形式而定。若性能指标以单位阶跃响应的峰值时间、调节时间、超调量、阻尼比、稳态误差等时域特征量给出，则一般采用根轨迹法校正。若性能指标以系统的相角裕度、幅值裕度、谐振峰值、闭环带宽、静态误差系数等频域特征量给出，则一般采用频率法校正。

6.1.1　串联超前校正

串联超前校正适用于系统响应慢、相对稳定性差，但增益不太低的系统，可以提供超前角以增加相位裕度，或消去对象最接近原点的实极点以提高响应速度。

超前校正装置的传递函数为 $aG_c(s)=\dfrac{1+aTs}{1+Ts}$，（$a>1$），超前校正装置 Bode 图如图 6.1 所示。

超前网络的相角为

$$\phi_c(\omega)=\arctan aT\omega-\arctan T\omega=\arctan\frac{(a-1)T\omega}{1+aT^2\omega^2}$$

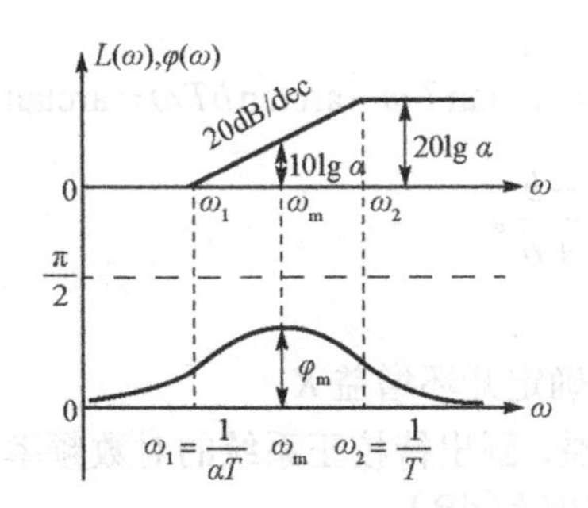

图 6.1　超前校正装置 Bode 图

当 $\omega=\omega_{\mathrm{m}}=\dfrac{1}{T\sqrt{a}}$ 时，最大超前角为 $\phi_{\mathrm{m}}=\arctan\dfrac{a-1}{2\sqrt{a}}=\arctan\dfrac{a-1}{a+1}$ 。

超前补偿网络的幅值为 $20\lg\left|G_{\mathrm{c}}(\mathrm{j}\omega)\right|=10\lg a$ 。

超前校正设计步骤如下：

（1）根据稳态误差要求，确定开环增益 K。

（2）利用已确定的开环增益，计算待校正系统的相角裕度。

（3）根据截止频率 ω_{c}'' 的要求，计算超前网络参数 a 和 T。选择最大超前角频率等于要求的系统截止频率，由 $-L'(\omega_{\mathrm{c}}'')=10\lg a$ 确定 a，然后由 $T=\dfrac{1}{\omega_{\mathrm{m}}\sqrt{a}}$ 确定 T 的值。

（4）验算已校正系统的相角裕度 γ'' 。$\gamma''(\omega_{\mathrm{c}}'')=\phi_{\mathrm{m}}+\gamma(\omega'')$，当验算结果 γ'' 不满足指标要求时，需重选 ω_{m} 的值，一般使 ω_{m}（等于 ω_{c}''）值增大，然后重复以上计算步骤。

6.1.2　串联滞后校正

串联滞后校正适用于稳态误差大，但响应不太慢的系统。串联滞后校正使已校正系统的截止频率下降，从而使系统获得足够的相角裕度。因此，滞后网络的最大滞后角应力求避免发生在系统截止频率附近。在系统响应速度要求不高而抑制噪声电平性能要求较高的或待校正系统已具备满意的动态性能，仅稳态性能不满足指标要求的情况下，可考虑采用串联滞后校正，串联滞后校正的传递函数为 $G_{\mathrm{c}}(s)=\dfrac{1+bTs}{1+Ts}$，（$b<1$）。滞后校正装置 Bode 图如图 6.2 所示。

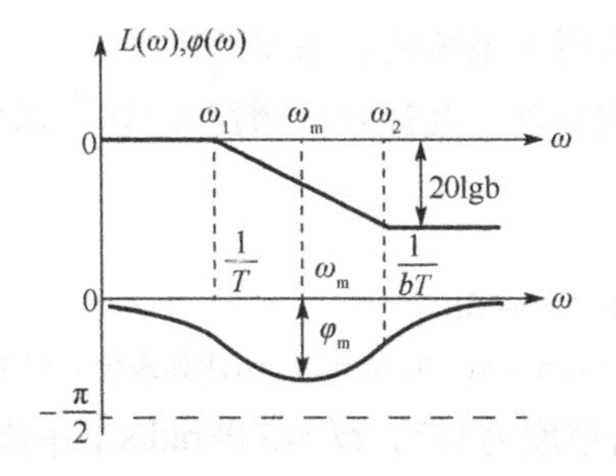

图 6.2　滞后校正装置 Bode 图

滞后网络的相角为$\phi_c(\omega)=\arctan T\omega-\arctan bT\omega=\arctan\dfrac{(1-b)T\omega}{1+bT^2\omega^2}$。当$\omega=\omega_m=\dfrac{1}{T\sqrt{b}}$时，最大滞后角为$\phi_m=\arctan\dfrac{1-b}{1+b}$。

串联滞后设计步骤如下：

（1）根据稳态误差要求，确定开环增益 K。

（2）利用已确定的开环增益，画出待校正系统的对数频率特性，确定待校正系统的截止频率ω_c'、相角裕度γ和幅值裕度h（dB）。

（3）选择不同的ω_c''，计算或查出不同的γ值，在 Bode 图上绘制$\gamma(\omega_c'')$曲线。

（4）根据相角裕度γ''的要求，选择已校正系统的截止频率ω_c''。ω_c''满足$\gamma''(\omega_c'')=\phi_c(\omega_c'')+\gamma(\omega_c'')$，一般取$\phi_c(\omega_c'')=-6°\sim-14°$。

（5）根据下述关系式确定滞后网络参数 b 和 T：

$$20\lg b+L'(\omega_c'')=0,\quad \frac{1}{bT}=(0.1\sim0.25)\omega_c''$$

（6）检查校正后系统的各项指标是否符合要求。

6.2 基于 MATLAB 的串联校正设计

控制系统设计的思路之一就是在原系统特性的基础上，对原特性加以校正，使之达到要求的性能指标。常用的串联校正装置有超前校正和滞后校正。本实验主要讨论在 MATLAB 环境下进行串联校正设计。

6.2.1 基于频率法的串联超前校正

超前校正装置的主要作用是通过其相位超前效应来改变频率响应曲线的形状，产生足够大的相位超前角，以补偿原来系统的相位不足。因此，校正时应使校正装置的最大超前相位角出现在校正后系统的开环截止频率处。

例 6.1 单位负反馈系统的开环传递函数为$G(s)=\dfrac{K}{s(s+1)}$，试确定串联校正装置的特性，使系统满足在斜坡函数作用下系统的稳态误差小于 0.1，相角裕度$\gamma\geqslant45°$。

解 根据系统静态精度的要求，选择开环增益 K=10，求原系统的相角裕度。

```
num0=10;
den0=[1,1,0];
bode (num0,den0) ;  %绘制 Bode 图
[gm1,pm1,wcg1,wcp1]=margin (num0,den0) ;%计算系统的相角裕度和幅值裕度
```

由结果可知，原系统相角裕度为$18°$，$\omega_c'=3.08\text{rad/s}$，不满足指标要求，原系统 Bode 图如图 6.3 所示。考虑采用串联超前校正装置，以增加系统的相角裕度。

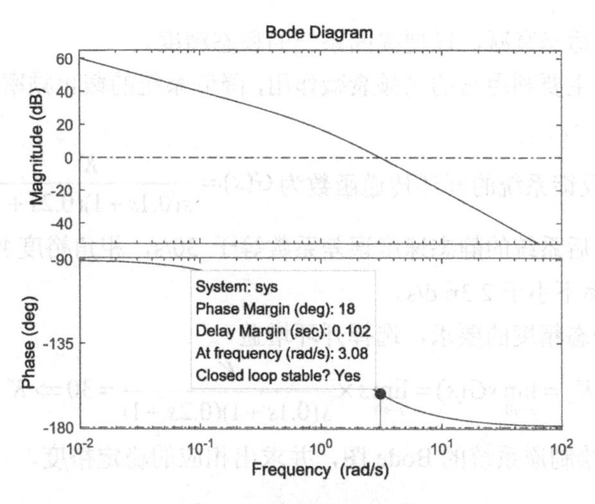

图 6.3　原系统 Bode 图

确定串联装置所需要增加的超前相位角及求得的校正装置参数。

$$\varphi_m = \gamma - \gamma_0 + \varepsilon = 45° - 18° + 5° = 32°，（\gamma = 45°，\gamma_0 为原系统的相角裕度，\varepsilon 取5°）$$

$$\alpha = \frac{1+\sin\phi_m}{1-\sin\phi_m} = 3.2546$$

将校正装置的最大超前角处的频率作为校正后系统的截止频率 ω_c''，即原系统幅频特性幅值等于 $-20\lg\sqrt{\alpha}$ 时的频率，选为 ω_c''。

$$-20\lg\sqrt{\alpha} = -10\lg\alpha = -5.1250 = 20\lg\left|\frac{10}{s(s+1)}\right| = 20\lg 10 - 20\lg(w\sqrt{w^2+1})$$

求得 $\omega_c'' = 4.19\text{rad/s}$，求出校正装置的参数 T，即 $T = \dfrac{1}{\omega_c''\sqrt{\alpha}} = 0.1323$。

```
numc=[a*T,1];
denc=[T,1];
[num,den]=series (num0,den0,numc,denc) ;  %原系统与校正装置串联
  [gm,pm,wcg,wcp]=margin (num,den) ;       %返回校正后的相角裕度和幅值裕度
  printsys (numc,denc) ;                   %显示校正装置的传递函数
  printsys (num,den) ;                     %显示系统新的传递函数
```

校正装置的传递函数为 $\dfrac{0.4306s+1}{0.1323s+1}$。

校正后系统的传递函数为 $\dfrac{4.3058s+10}{0.1323s^3+1.1323s^2+s}$。

校正后系统截止频率为 4.1887rad/s，相角裕度为 45.4275°。满足设计要求。

6.2.2　基于频率法的串联滞后校正

滞后校正装置将给系统带来滞后相角。引入滞后装置的真正目的不是提供一个滞后相

角，而是使系统增益适当衰减，以便提高系统的稳态精度。

滞后校正的设计主要利用它的高频衰减作用，降低系统的截止频率，使得系统获得充分的相位裕量。

例 6.2 单位负反馈系统的开环传递函数为$G(s)=\dfrac{K}{s(0.1s+1)(0.2s+1)}$，试确定串联校正装置的特性，使校正后系统的静态速度误差系数等于 30/s，相角裕度$\gamma=40°$，幅值裕量不小于 10dB，截止频率不小于 2.3rad/s。

解 根据系统静态精度的要求，选择开环增益

$$K_v=\lim_{s\to 0}sG(s)=\lim_{s\to 0}s\times\frac{K}{s(0.1s+1)(0.2s+1)}=30\Rightarrow K=30$$

利用 MATLAB 绘制原系统的 Bode 图，并求出相应的稳定裕度。

```
num0=30;
den0=conv([1,0],conv([0.1,1],[0.2,1]));
w=logspace(-1,1.2);
[gm1,pm1,wcg1,wcp1]=margin(num0,den0);
bode(num0,den0,w);
```

由结果可知，原系统的相角裕度为$-17.2°$，$\omega_c'=9.77\text{rad/s}$，幅值裕度为$-6.02$ dB，$\omega_m=7.07\text{rad/s}$，不满足指标要求。原系统 Bode 图如图 6.4 所示。

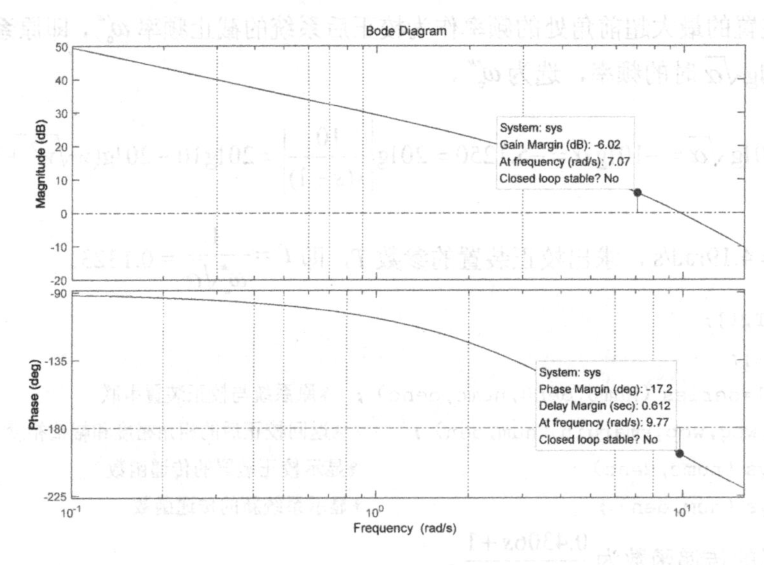

图 6.4 原系统 Bode 图

根据对相位裕量的要求，通过降低系统截止频率，提高相位裕量，选择相角为$\varphi=-180°+\gamma+\varepsilon=-130°(\varepsilon=5°\sim10°,\gamma=40°)$处的频率为校正后系统的截止频率$\omega_c''$。

放大后的 Bode 图如图 6.5 所示，通过对相频特性进行放大和网格处理，找到−130°处的频率为 2.45rad/s，即$\omega_c''=2.45\text{rad/s}$。确定原系统在新$\omega_c''$处的幅值衰减到 0dB 时所需的衰减量为$-20\lg b$，则$-20\lg b=20.6$，求得$b=0.0933$。一般取校正装置的转折频率为$\dfrac{1}{bT}=0.1\omega_c''$，

求得 $T=43.7355$。

```
numc=[ b*T,1];
denc=[ T,1];
    [num,den]=series (num0,den0,numc,denc) ;     %原系统与校正装置串联
    [gm,pm,wcg,wcp]=margin (num,den) ;%返回系统新的相角裕度和幅值裕度
    printsys (numc,denc) ;                       %显示校正装置的传递函数
    printsys (num,den) ;                        %显示系统新的传递函数
```

校正装置的传递函数为$\dfrac{4.0805s+1}{43.7356s+1}$。

校正后系统的传递函数为$\dfrac{122.4157s+30}{0.8747s^4+13.1407s^3+44.0356s^2+s}$。

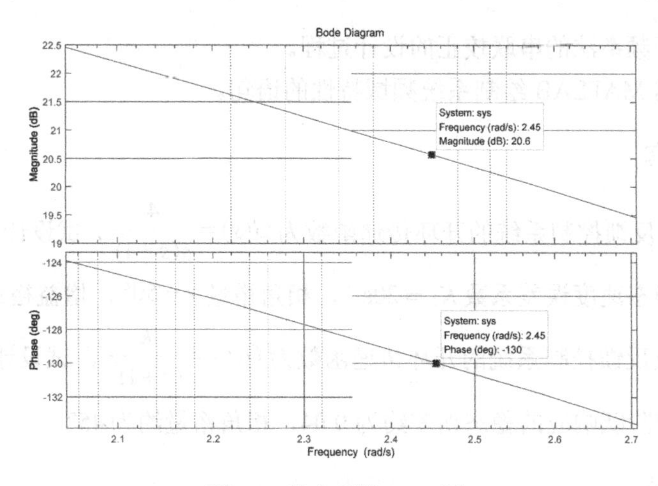

图 6.5　放大后的 Bode 图

校正后的 Bode 图如图 6.6 所示，校正后系统的截止频率为 2.45rad/s，相角裕度为 44.9°，幅值裕度为 14dB，满足设计要求。

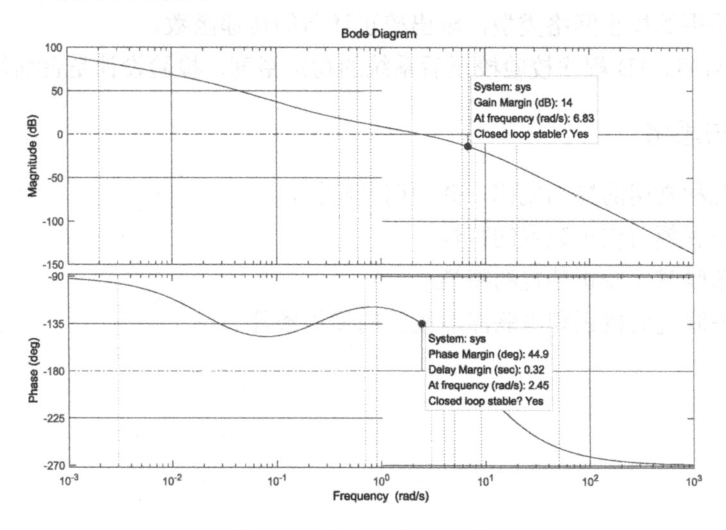

图 6.6　校正后的 Bode 图

6.3 线性系统串联校正实验

1. 实验目的

（1）熟练掌握用 MATLAB 语句绘制频域曲线。
（2）掌握控制系统频域串联校正分析与设计方法。
（3）掌握串联校正设计的思路和步骤。

2. 预习要求

（1）熟悉基于频率法的串联校正的设计过程。
（2）熟练利用 MATLAB 绘制系统频域特性的语句。

3. 实验内容

（1）某单位负反馈控制系统的开环传递函数为 $G(s)=\dfrac{4}{s(s+1)}$，试设计一超前校正装置，使校正后系统的静态速度误差系数 $K_v=20\text{s}^{-1}$，相角裕量 $\gamma=50°$，增益裕量为 10dB。

（2）某单位负反馈控制系统的开环传递函数为 $G(s)=\dfrac{k}{(s+1)^3}$，试设计一个合适的滞后校正网络，使系统阶跃响应的稳态误差约为 0.04，相角裕量约为 45°。

4. 实验记录

（1）用 MATLAB 绘制原系统的 Bode 图，求出原系统的相位及幅值裕度。
（2）根据求出的稳定裕度情况，判定采用何种校正网络来校正原有系统。
（3）根据采用的校正网络类型，求出校正环节的传递函数。
（4）利用 MATLAB 程序校验校正后系统的稳定裕度，检验设计是否满足要求。

5. 拓展与思考

（1）列举几种常用的控制规律，并说明其特性。
（2）简述串联超前校正装置的特性。
（3）简述串联滞后校正装置的特性。
（4）简述串联超前校正和串联滞后校正的使用条件。

6.4　基于硬件的串联校正设计

6.4.1　典型环节的模拟电路

（1）比例环节的传递函数为

$$G(s)=-\frac{Z_2}{Z_1}=-\frac{R_2}{R_1}=-2，\quad R_1=100\text{k}\Omega，R_2=200\text{k}\Omega$$

画出其对应的模拟电路，如图 6.7 所示。

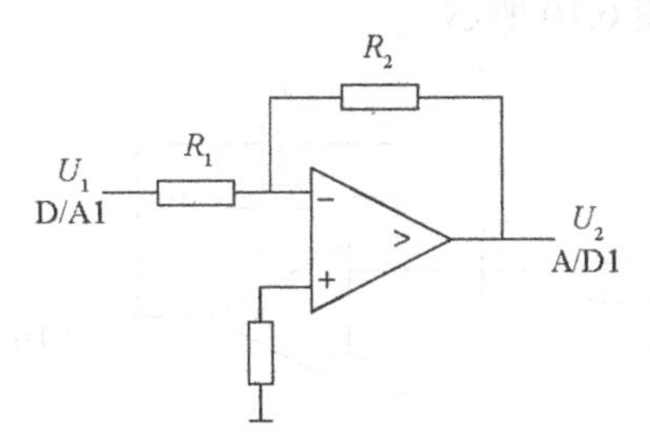

图 6.7　比例环节模拟电路

（2）惯性环节的传递函数为

$$G(s)=-\frac{Z_2}{Z_1}=-\frac{R_2/R_1}{R_2C_1+1}=-\frac{2}{0.2s+1}，\quad R_1=100\text{k}\Omega，R_2=200\text{k}\Omega，C_1=1\mu\text{F}$$

画出其对应的模拟电路，如图 6.8 所示。

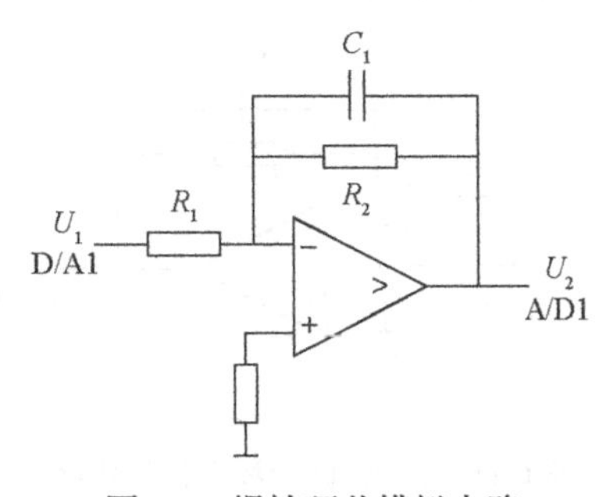

图 6.8　惯性环节模拟电路

（3）积分环节（I）的传递函数为

$$G(s)=-\frac{Z_2}{Z_1}=-\frac{1}{R_1C_1s}=-\frac{1}{0.1s}，\quad R_1=100\text{k}\Omega，C_1=1\mu\text{F}$$

画出其对应的模拟电路，如图 6.9 所示。

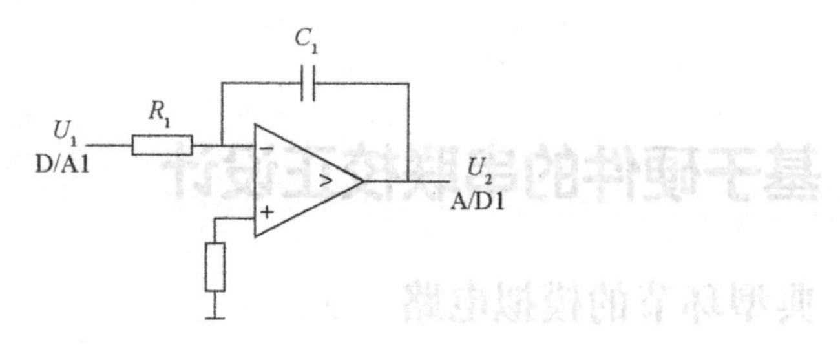

图 6.9　积分环节模拟电路

（4）微分环节（D）的传递函数为

$$G(s)=-\frac{Z_2}{Z_1}=-R_1C_1s=-s，\ R_1=100\text{k}\Omega，\ C_1=10\mu\text{F}，\ C_2 << C_1=0.01\mu\text{F}$$

画出其对应的模拟电路，如图 6.10 所示。

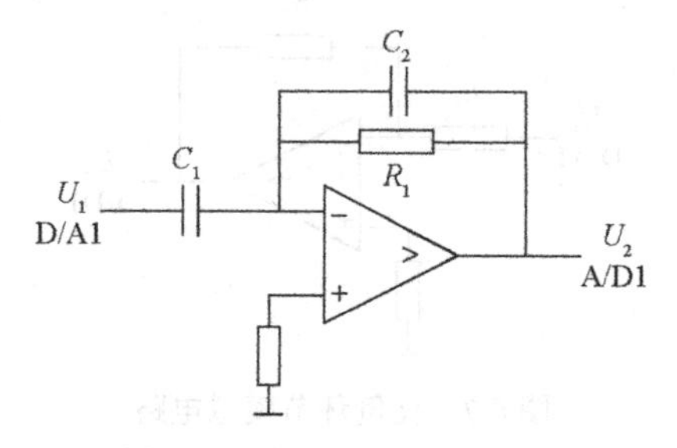

图 6.10　微分环节模拟电路

（5）比例+微分环节（PD）的传递函数为

$$G(s)=-\frac{Z_2}{Z_1}=-\frac{R_2}{R_1}(R_1C_1s+1)=-(0.1s+1)，\ R_1=R_2=100\text{k}\Omega，\ C_1=10\mu\text{F}，\ C_2 << C_1=0.01\mu\text{F}$$

画出其对应的模拟电路，如图 6.11 所示。

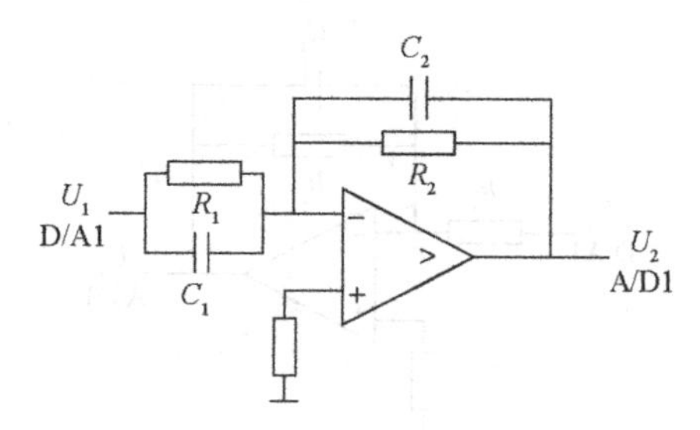

图 6.11　比例+微分环节模拟电路

（6）比例+积分环节（PI）的传递函数为

$$G(s)=-\frac{Z_2}{Z_1}=-\frac{R_2+1/C_1s}{R_1}=-(1+\frac{1}{s})，\ R_1=R_2=100\text{k}\Omega，\ C_1=10\mu\text{F}$$

画出其对应的模拟电路，如图 6.12 所示。

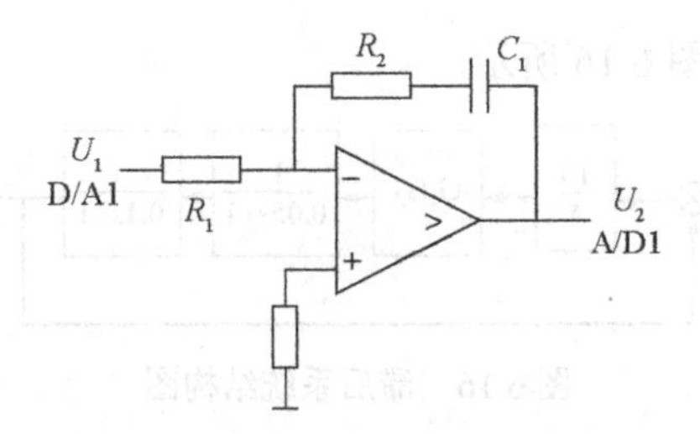

图 6.12　比例+积分环节模拟电路

6.4.2 连续系统串联校正

1．串联超前校正

（1）超前校正模拟电路图如图 6.13 所示，图中开关 S 断开对应未校状态，接通对应超前校正。

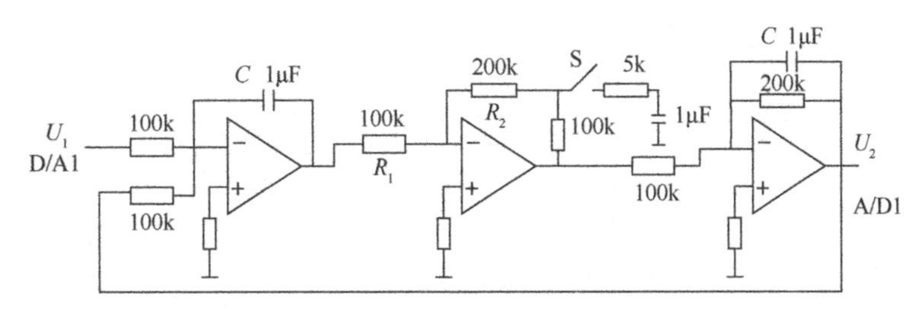

图 6.13　超前校正模拟电路图

（2）超前校正系统结构图如图 6.14 所示。

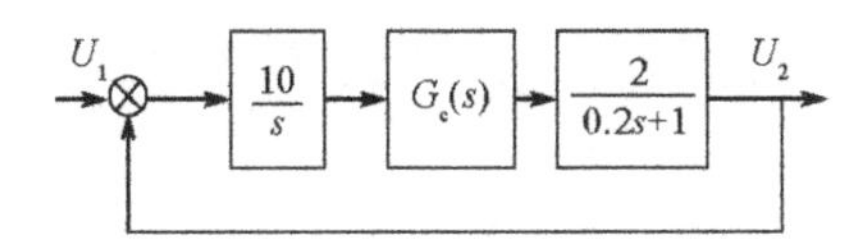

图 6.14　超前校正系统结构图

图中，校正前 $G_c(s)=2$，校正后 $G_c(s)=\dfrac{2(0.055s+1)}{0.005s+1}$。

2．串联滞后校正

（1）滞后校正模拟电路图如图 6.15 所示，开关 S 断开对应未校状态，接通对应滞后校正。

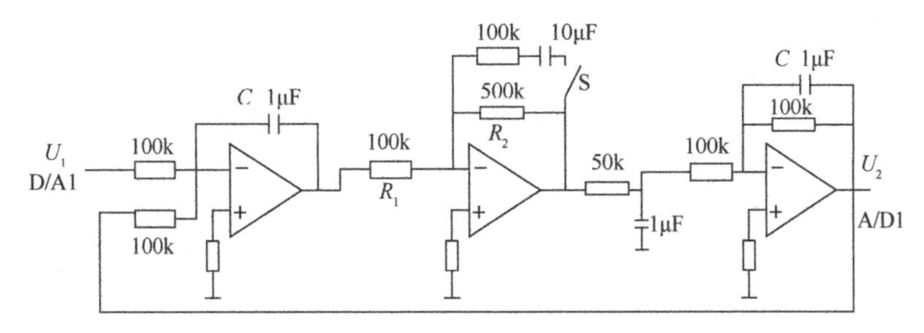

图 6.15　滞后校正模拟电路图

（2）滞后系统结构图如图 6.16 所示。

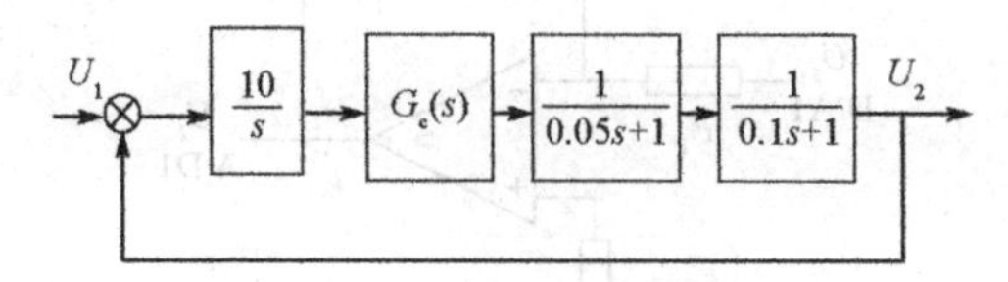

图 6.16　滞后系统结构图

图中，校正前 $G_{\mathrm{c}}(s)=10$，校正后 $G_{\mathrm{c}}(s)=\dfrac{10(s+1)}{11s+1}$。

第 7 章　非线性控制系统分析

前几章讨论的内容均为线性系统的分析和设计方法，然而，非线性程度比较严重的系统，不满足小偏差线性化的条件，只能用非线性系统理论进行分析。本章主要讨论本质非线性系统，研究其基本特性和一般分析方法。

7.1　非线性控制系统概述

在物理世界中，理想的线性系统并不存在。严格来讲，所有的控制系统都是非线性系统。例如，由电子线路组成的放大元件，会在输出信号超过一定值后出现饱和现象。当由电动机作为执行元件时，由于摩擦力矩和负载力矩的存在，只有在电枢电压达到一定值时，电动机才会转动，存在死区。实际上，所有的物理元件都具有非线性特性。如果一个控制系统包含一个或一个以上具有非线性特性的元件，则称这种系统为非线性系统，非线性系统的特性不能由微分方程来描述。

如图 7.1 所示，伺服电动机控制特性是一种非线性特性，图中横坐标 u 为电机的控制电压，纵坐标 ω 为电动机的输出转速。如果伺服电动机工作在 A_1OA_2 区段，则伺服电动机的控制电压与输出转速的关系近似为线性，因此可以把伺服电动机作为线性元件来处理。但是，如果电动机的工作区间在 B_1OB_2 区段，那么不能把伺服电动机作为线性元件来处理，因为其静特性具有明显的非线性。

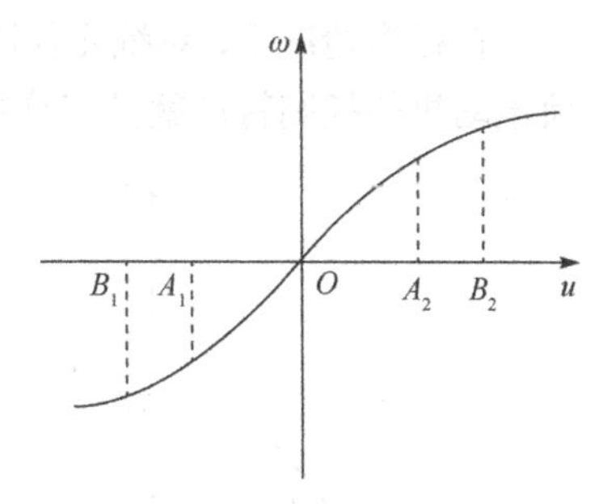

图 7.1　伺服电动机控制特性

7.1.1　控制系统中的典型非线性特性

组成实际控制系统的环节总在一定程度上带有非线性。例如，作为放大元件的晶体管放大器，由于它们的组成元件（如晶体管、铁心等）都有一个线性工作范围，超出这个范围，放大器就会出现饱和现象；执行元件如电动机，存在摩擦力矩和负载力矩，因此只有当输入电压达到一定数值时，电动机才会转动，即存在不灵敏区，同时，当输入电压超过一定数值时，由于磁性材料的非线性，电动机的输出转矩会出现饱和现象；各种传动机构由于机械加工和装配上的缺陷，在传动过程中总存在着间隙，等等。

实际控制系统或多或少地存在非线性因素，所谓线性系统，只是在忽略了非线性因素或在一定条件下进行线性化处理后的理想模型。常见的典型非线性特性有饱和非线性、不灵敏区（死区）非线性、具有不灵敏区的饱和非线性、继电非线性、间隙非线性等。

1. 饱和非线性

控制系统中的放大环节及执行机构受到电源电压和功率的限制，都具有饱和特性。饱和非线性特性如图 7.2 所示，其中 $-a<x<a$ 的区域是线性范围，线性范围以外的区域是饱和区。许多元件的运动范围由于受到能源、功率等条件的限制，也都有饱和非线性特性。有时，工程上还人为引入饱和非线性特性以限制过载。

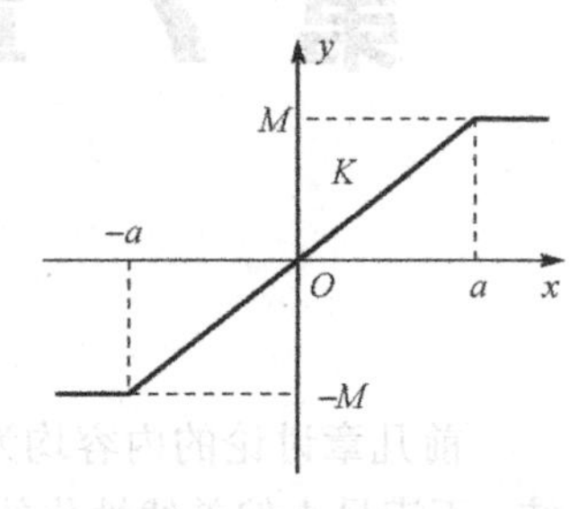

图 7.2 饱和非线性特性

2. 不灵敏区（死区）非线性

控制系统中的测量元件、执行元件等一般都具有死区特性。例如，一些测量元件对微弱的输入量不敏感，电动机只有在输入信号增大到一定程度时才会转动等。不灵敏区非线性特性如图 7.3 所示，输入信号在 $-\Delta<x<\Delta$ 区间，输出信号为零。超出此区间，呈线性特性。这种只有在输入量超过一定值后才有输出的特性称为不灵敏区非线性特性，其中区域 $-\Delta<x<\Delta$ 叫作不灵敏区或死区。

死区特性给系统带来稳态误差和低速运动不稳定的影响。但死区特性会减弱振荡、过滤输入端小幅度干扰，提高系统抗干扰能力。

3. 具有不灵敏区的饱和非线性

在很多情况下，系统元件同时存在死区特性和饱和限幅特性。例如，电枢电压控制的直流电动机的控制特性就具有这种特性。具有不灵敏区的饱和非线性特性如图 7.4 所示。

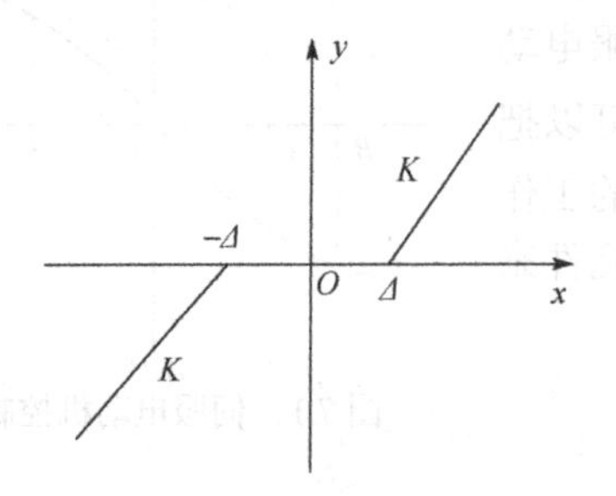

图 7.3 不灵敏区非线性特性

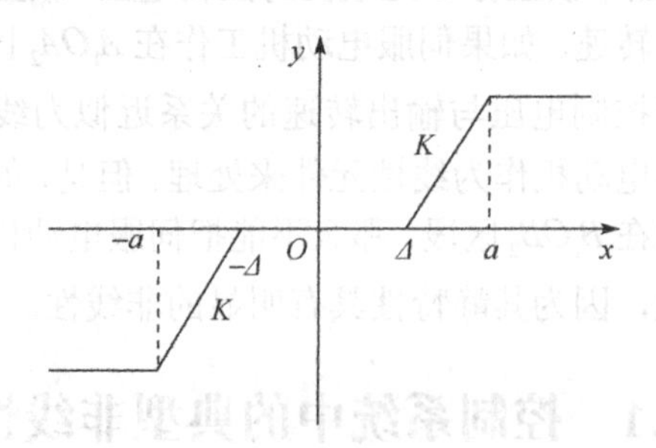

图 7.4 具有不灵敏区的饱和非线性特性

4. 继电非线性

具有滞环的三位置继电非线性特性如图 7.5 所示，输入和输出之间的关系不完全是单值的。由于继电器吸合及释放状态下磁路的磁阻不同，吸合与释放电流是不相同的。因此，继电器的特性有一个滞环。这种特性称为具有滞环的三位置继电特性。当$m=-1$时，可得到纯滞环的两位置继电非线性特性，如图 7.6 所示。当$m=1$时，可得到具有三位置的理想继电非线性特性，如图 7.7 所示。

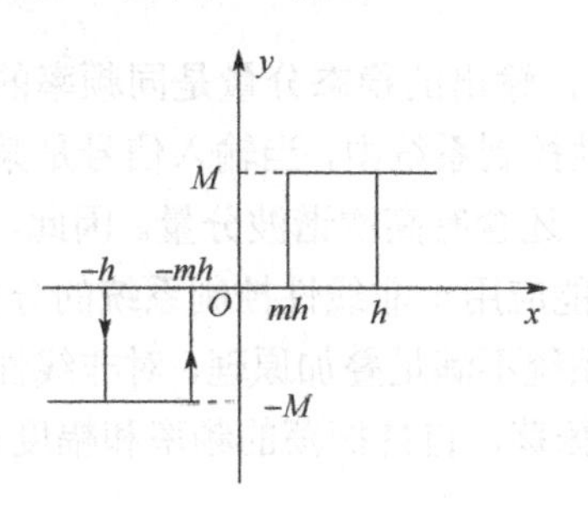

图 7.5　具有滞环的三位置继电非线性特性

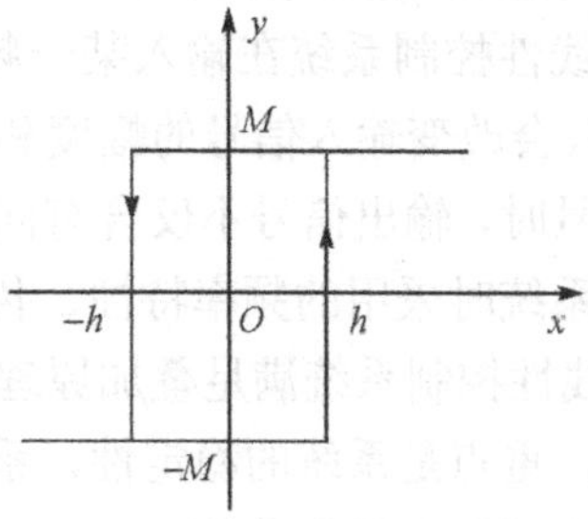

图 7.6　纯滞环的两位置继电非线性特性

5. 间隙非线性

间隙非线性形成的原因是滞后作用，如磁性材料的滞后现象，机械传动中存在干摩擦与传动间隙。间隙非线性也称滞环非线性。间隙非线性的特点是：当输入量的变化方向改变时，输出量保持不变，一直到输入量的变化超出一定数值（间隙）后，输出量才跟着变化。齿轮传动中的间隙是最明显的例子。间隙非线性特性如图 7.8 所示。

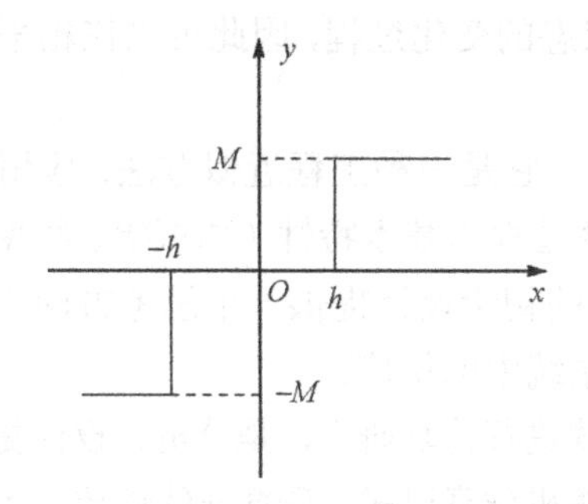

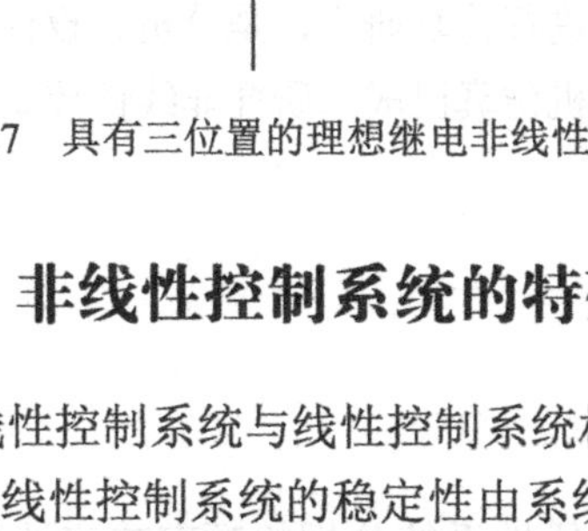

图 7.7　具有三位置的理想继电非线性特性

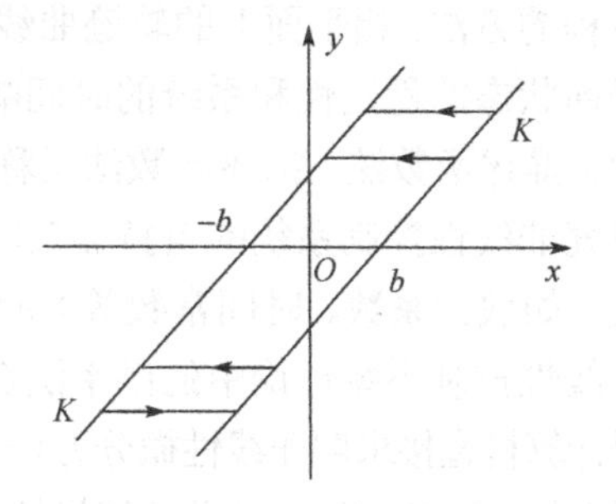

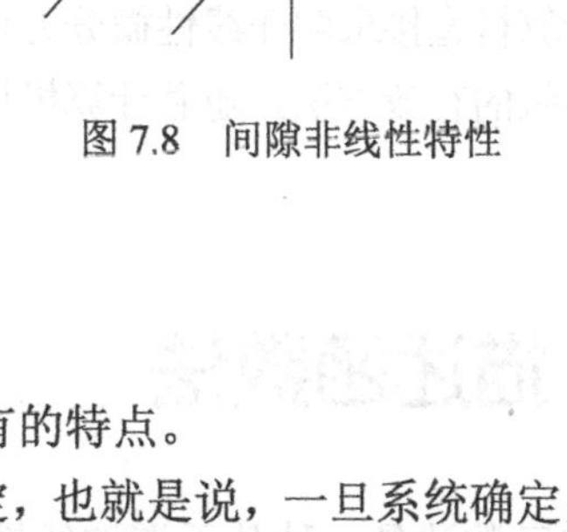

图 7.8　间隙非线性特性

7.1.2　非线性控制系统的特殊性

非线性控制系统与线性控制系统相比，有许多独有的特点。

（1）线性控制系统的稳定性由系统的闭环极点决定，也就是说，一旦系统确定，其稳定性也随即确定，与初始条件和输入信号无关。而非线性控制系统的稳定性除了与系统的闭环极点相关，还与初始条件和输入信号相关。对于某一个确定的非线性控制系统，在一种初始条件下是稳定的，而在另一种初始条件下则可能是不稳定的，或者在一种输入信号作用下是稳定的，而在另一种输入信号作用下却是不稳定的。

（2）线性控制系统的运动状态不是收敛与平衡状态，就是发散状态。理论上，当系统处于临界状态时，会出现等幅振荡。但是在实际情况下，这种状态不可能维持，外界环境或系统参数稍有变化，系统就会趋于平衡状态或发散状态。而非线性控制系统的运动状态除收敛和发散以外，还有等幅振荡状态。这种振荡状态在没有外界作用的情况下也会存在，而且保持一定的幅度和频率，称为自持振荡、自振荡或自激振荡。自持振荡由系统结构和参数决定，是非线性系统独有的现象。

（3）线性控制系统在输入某一频率的正弦信号时，输出的稳态分量是同频率的正弦信号，系统只会改变输入信号的幅度和相位。而在非线性控制系统中，当输入信号是某一频率的正弦信号时，输出信号不仅含有同频率的正弦分量，还含有高次谐波分量。因此，在分析线性控制系统时采用的频率特性、传递函数等方法不能应用于非线性控制系统的分析。

（4）线性控制系统满足叠加原理，而非线性控制系统不满足叠加原理。对非线性控制系统的分析，重点是系统的稳定性，系统是否产生自持振荡，自持振荡的频率和幅度是多少，如何减小和消除自持振荡等。

7.1.3 非线性控制系统的分析方法

目前尚没有通用的求解非线性微分方程的方法。虽然有一些针对特定非线性问题的系统分析与设计方法，但其适用范围有限。因此，分析非线性控制系统要根据其不同特点，选择有针对性的方法。

（1）相平面分析法。非线性控制系统的相平面分析法是一种用图解法求解二阶非线性常微分方程的方法。相平面上的轨迹曲线描述了系统状态的变化过程，因此可以在相平面图上分析平衡状态的稳定性和系统的时间响应特性。

（2）描述函数法。描述函数法又称谐波线性化法，它是一种工程近似方法，应用描述函数法研究非线性控制系统的自持振荡时，能给出振荡过程的基本特性（如振幅、频率）与系统参数（如放大系数、时间常数等）的关系，给系统的初步设计提供一个思考方向。描述函数法是线性控制系统理论中的频率法在非线性控制系统中的推广。

用计算机直接求解非线性微分方程，以数值解形式进行仿真研究，是分析、设计复杂非线性控制系统的有效方法。随着计算机技术的发展，计算机仿真已成为研究非线性控制系统的重要手段。

7.2 描述函数法

描述函数法是一种基于谐波线性化概念，将用于线性系统分析的频率响应法移植到非线性系统分析中的一种工程近似方法。其基本思想是：当系统满足某种条件时，可以忽略系统中非线性环节输出信号中的高次谐波分量，用基波近似输出信号，由此导出非线性环节的近似频率特性，即描述函数。此时的非线性系统近似为一个线性系统，可以用线性系统分析方法中的频率响应法对其进行分析。描述函数法主要用于分析非线性系统的稳定性、是否产生自持振荡、自持振荡的频率和幅度，以及消除和减弱自持振荡的方法等。

7.2.1　描述函数的基本概念

1. 继电特性引例

理想继电特性如图 7.9（a）所示，当输入正弦信号 $x(t)=X\sin\omega t$ 时，其输出 $y(t)$是一个与输入正弦函数同频率的周期方波。

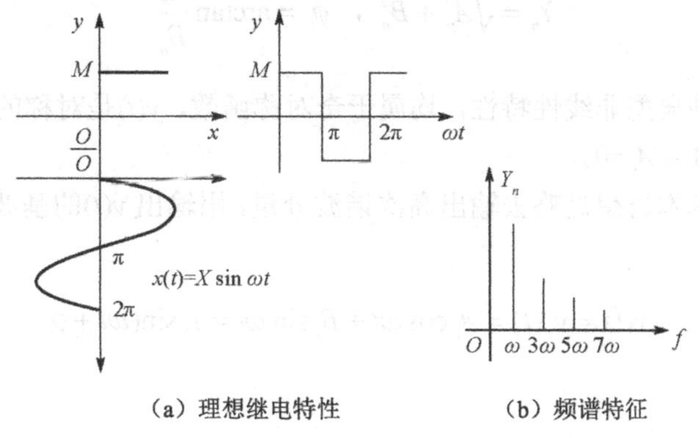

（a）理想继电特性　　（b）频谱特征

图 7.9　理想继电特性及频谱特征

输出周期函数可展开成傅里叶级数

$$y(t)=\frac{4M}{\pi}\left(\sin\omega t+\frac{1}{3}\sin 3\omega t+\frac{1}{5}\sin 5\omega+\cdots\right)$$

$$=\frac{4M}{\pi}\sum_{n=0}^{\infty}\frac{\sin(2n+1)\omega t}{2n+1} \tag{7-1}$$

由式（7-1）可以看出，方波函数可以看作无数个正弦信号分量的叠加。在这些分量中，有一个与输入信号频率相同的分量，称为基波分量（或一次谐波分量），其幅值最大。其他分量的频率均为输入信号频率的奇数倍，统称为高次谐波。频率愈高的分量，振幅愈小，各谐波分量的振幅与频率的关系称为该方波的频谱，频谱特征如图 7.9（b）所示。

2. 谐波线性化

对于任意非线性特性，设输入的正弦信号为 $x=X\sin\omega t$，输出波形为 $y(t)$。

输出 $y(t)$有傅氏形式：

$$y(t)=A_0+\sum_{n=1}^{\infty}[A_n\cos(n\omega t)+B_n\sin(n\omega t)]$$

$$=A_0+\sum_{n=1}^{\infty}Y_n\sin(n\omega t+\phi_n)$$

式中

$$A_0=\frac{1}{2\pi}\int_0^{2\pi} y(t)\mathrm{d}(\omega t)$$

$$A_n=\frac{1}{\pi}\int_0^{2\pi} y(t)\cos(n\omega t)\,\mathrm{d}(\omega t) \tag{7-2}$$

$$B_n=\frac{1}{\pi}\int_0^{2\pi} y(t)\sin(n\omega t)\,\mathrm{d}(\omega t) \tag{7-3}$$

$$Y_n=\sqrt{A_n^2+B_n^2}\ ,\quad \phi_n=\arctan\frac{A_n}{B_n}$$

本章讨论的几种典型非线性特性，均属于奇对称函数，$y(t)$是对称的，则 $A_0=0$；若为单位奇对称函数，则 $A_0=A_1=0$。

谐波线性化的基本思想是略去输出高次谐波分量，用输出 $y(t)$的基波分量 $y_1(t)$近似代替整个输出，即

$$y(t)\approx y_1(t)=A_1\cos\omega t+B_1\sin\omega t=Y_1\sin(\omega t+\phi_1) \tag{7-4}$$

式中

$$Y_1=\sqrt{A_1^2+B_1^2},\quad \phi_1=\arctan\frac{A_1}{B_1}$$

$$A_1=\frac{1}{\pi}\int_0^{2\pi} y(t)\cos\omega t\ \mathrm{d}(\omega t) \tag{7-4a}$$

$$B_1=\frac{1}{\pi}\int_0^{2\pi} y(t)\sin\omega t\ \mathrm{d}(\omega t) \tag{7-4b}$$

因此，对于一个非线性元件，我们可以用输入 $x=X\sin\omega t$ 和输出 $y_1(t)=Y_1\sin(\omega t+\phi_1)$ 近似描述其基本性质。非线性元件的输出是一个与其输入同频率的正弦量，只是振幅和相位发生了变化。这与线性元件在正弦输入下的输出在形式上十分相似，称为谐波线性化。

3．描述函数

非线性特性在进行谐波线性化之后，可以仿照幅相频率特性的定义，建立非线性特性的等效幅相特性，即描述函数。

非线性元件的描述函数是由输出的基波分量 $y_1(t)$ 对输入 x 的复数比来定义的，即

$$N=\frac{Y_1}{X}\angle\phi_1=\frac{\sqrt{A_1^2+B_1^2}}{X}\arctan\angle\frac{A_1}{B_1} \tag{7-5}$$

式中，N 为非线性元件的描述函数；X 为正弦输入的幅值；Y_1 为输出信号一次谐波的幅值；ϕ_1 为输出信号一次基波与输入信号的相位差。

描述函数的实质是用一个等效线性元件替代原来的非线性元件，而等效线性元件的幅相特性函数 N 是输入信号 $x = X\sin\omega t$ 的幅值 X 的函数。

图 7.10 所示为典型非线性系统框图，即非线性系统分成线性部分 $G(s)$ 与非线性部分 $N(X)$。

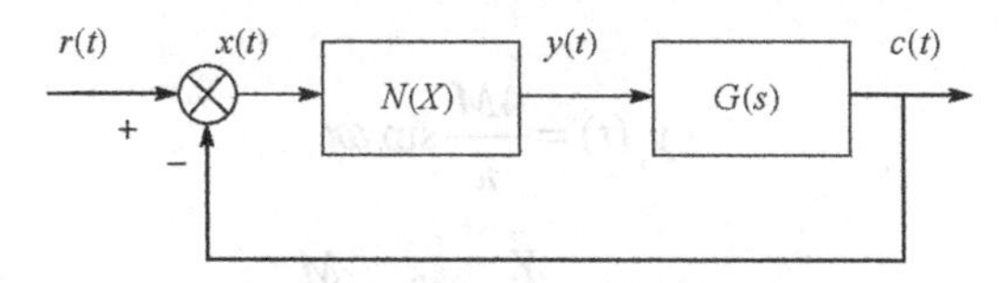

图 7.10 典型非线性系统框图

把非线性元件等效为一个放大倍数为复数的放大器，与频率 ω 无关。这相当于线性系统中的放大器，其放大倍数是一个普通常数。

系统闭环传递函数为

$$\phi(s) = \frac{N(X)G(s)}{1 + N(X)G(s)}$$

闭环系统特征方程为

$$1 + N(X)G(s) = 0$$

7.2.2 典型非线性元件的描述函数

1. 理想继电特性的描述函数

理想继电特性的数学表达式为 $y(x) = \begin{cases} M, & x > 0 \\ -M, & x < 0 \end{cases}$。

当输入正弦信号 $x(t) = X\sin\omega t$ 时，继电特性为过零切换，则理想继电特性及在正弦信号作用下的输入、输出波形，如图 7.11 所示。

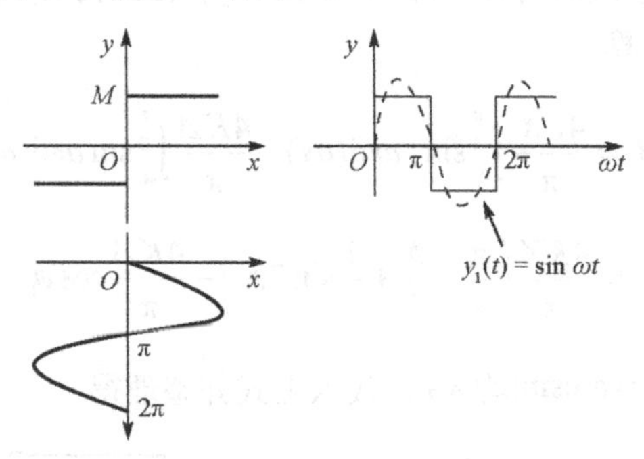

图 7.11 理想继电特性及在正弦信号作用下的输入、输出波形

由于正弦信号是单值奇函数，因此，$A_0 = 0$，$A_1 = 0$ 及 $\phi_1 = 0$。

根据式（7-4b）得到富氏级数基波分量的系数

$$B_1 = \frac{1}{\pi}\int_0^{2\pi} y(t)\sin\omega t\,\mathrm{d}(\omega t)$$

因为$y(t)$是周期位2π的方波，且对π点奇对称，故B_1可改写为

$$B_1=\frac{4}{\pi}\int_0^{2\pi}M\sin\omega t\mathrm{d}(\omega t)=\frac{4M}{\pi}$$

因此基数分量为

$$y_1(t)=\frac{4M}{\pi}\sin\omega t$$

$$N(X)=\frac{Y_1}{X}\angle 0^0=\frac{M}{\pi X} \qquad (7\text{-}6)$$

显然，理想继电特性的描述函数是一个实数量，并且只是输入振幅X的函数。

2．死区特性的描述函数

假设输入正弦信号函数为$x(t)=X\sin\omega t$，则输出特性的数学表达式为

$$\begin{cases}y(t)=0,\quad 0<\omega t<\theta_1\\ y(t)=K(X\sin\omega t-a),\quad \theta_1\leqslant\omega t\leqslant\dfrac{\pi}{2}\end{cases}$$

当$\omega t>\dfrac{\pi}{2}$时，死区特性及输入、输出波形如图7.12所示。

当输入信号幅值在死区范围内时，输出为零，只有输入信号幅值大于死区时，才有输出，故输出为一些不连续、不完整的正弦波形。

由于死区特性为单值奇对称函数，故$A_0=0$，$A_1=0$，$\phi_1=0$，而

$$B_1=\frac{1}{\pi}\int_0^{2\pi}y(t)\sin\omega t\mathrm{d}(\omega t)=\frac{4}{\pi}\int_{\phi_1}^{\frac{\pi}{2}}K(X\sin\omega t-\varDelta)\sin\omega t\mathrm{d}(\omega t)$$

并且由于$y(t)$在一个周期中波形对称，即当ωt在$0\sim\phi_1$范围内时，$y(t)=0$。

故B_1的积分值只要计算

$$B_1=\frac{4KX}{\pi}\int_{\phi_1}^{\frac{\pi}{2}}\sin^2\omega t\mathrm{d}(\omega t)-\frac{4K\varDelta}{\pi}\int_{\phi_1}^{\frac{\pi}{2}}\sin\omega t\mathrm{d}(\omega t)$$

$$=\frac{4KX}{\pi}\left(\frac{\pi}{4}-\frac{\phi_1}{2}+\frac{1}{4}\sin 2\phi_1\right)-\frac{4K\varDelta}{\pi}\cos\phi_1$$

其中，$\varDelta=X\sin\phi_1$，即$\phi_1=\arcsin(\varDelta/X)$，代入上式并整理得

$$B_1=\frac{2XK}{\pi}\left[\frac{\pi}{2}-\arcsin\frac{\varDelta}{X}-\frac{\varDelta}{X}\sqrt{1-\left(\frac{\varDelta}{X}\right)^2}\right]$$

其描述函数为

$$N(X)=\frac{B_1}{X}\angle 0^0=K-\frac{2K}{\pi}\left[\arcsin\frac{\Delta}{X}+\frac{\Delta}{X}\sqrt{1-\left(\frac{\Delta}{X}\right)^2}\right],\quad X\geqslant\Delta \tag{7-7}$$

图 7.13 所示为Δ/X与N/K的关系曲线。

由图 7.13 可见，当$\Delta/X\geqslant 1$时，输出为零，从而描述函数的值也为零；当死区Δ很小，或输入的振幅很大时，$\Delta/X\approx 0$，$N(X)\approx K$，亦即可认为描述函数为常量，恰好等于死区特性线性段的斜率，这表明死区影响可忽略不计。

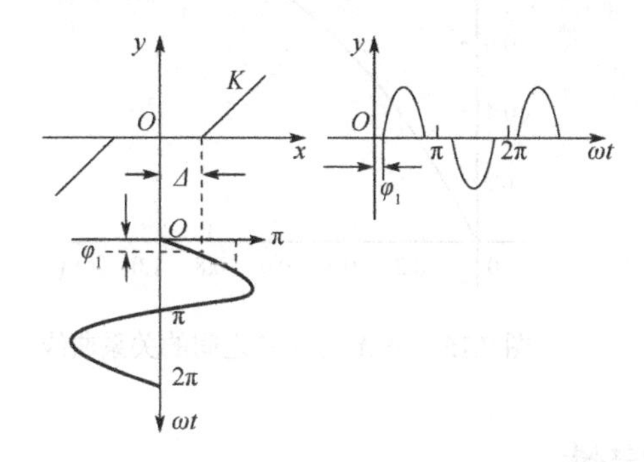

图 7.12　死区特性及输入、输出波形

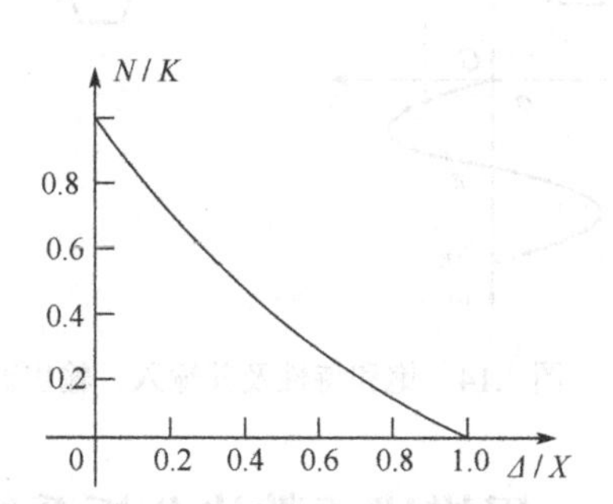

图 7.13　Δ/X与N/K的关系曲线

3. 饱和非线性特性的描述函数

假设输入正弦信号函数为$x(t)=X\sin\omega t$，则饱和非线性特性的数学表达式为

$$\begin{cases} y(t)=KX\sin\omega t,\quad 0\leqslant\omega t\leqslant\theta_1 \\ y(t)=Ka,\quad \theta_1\leqslant\omega t\leqslant\dfrac{\pi}{2}\end{cases}$$

式中，K为斜率。饱和特性及其输入、输出波形如图 7.14 所示。

由图可见，当正弦输入信号的振幅$X<b$时，系统工作在线性段，没有非线性的影响；当$X\geqslant b$时才进入非线性区。因此，饱和特性的描述函数仅在$X\geqslant b$的情况下才有意义。

由于饱和特性为单值奇对称函数，所以$A_0=A_1=0$，$\phi_1=0$，且

$$\begin{aligned} B_1&=\frac{1}{\pi}\int_0^{2\pi}y(t)\sin(n\omega t)\mathrm{d}(\omega t)\\ &=\frac{4}{\pi}\left[\int_0^{\phi_1}KX\sin^2\omega t\mathrm{d}(\omega t)+\int_{\phi_1}^{\frac{\pi}{2}}Kb\sin\omega t\mathrm{d}(\omega t)\right]\\ &=\frac{2KX}{\pi}\left[\arcsin\frac{b}{X}+\frac{b}{X}\sqrt{1-\left(\frac{b}{X}\right)^2}\right]\quad X\geqslant b \end{aligned}$$

故描述函数为

$$N(X)=\frac{B_1}{X}=\frac{2K}{\pi}\left[\arcsin\frac{b}{X}+\frac{b}{X}\sqrt{1-\left(\frac{b}{X}\right)^2}\right]，\quad X\geqslant b \tag{7-8}$$

Δ/X 与 N/K 之间的关系曲线如图 7.15 所示。

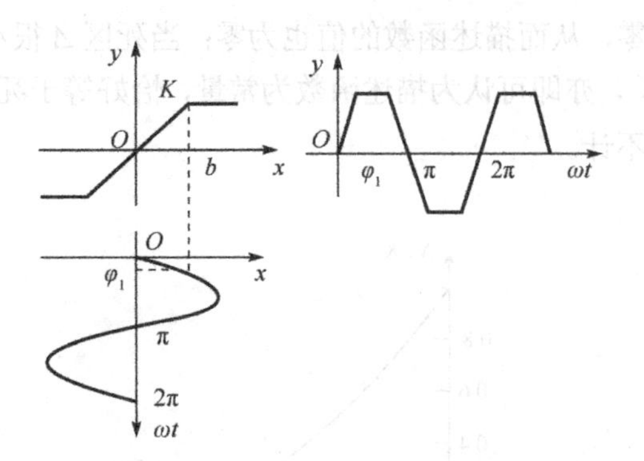

图 7.14 饱和特性及其输入、输出波形

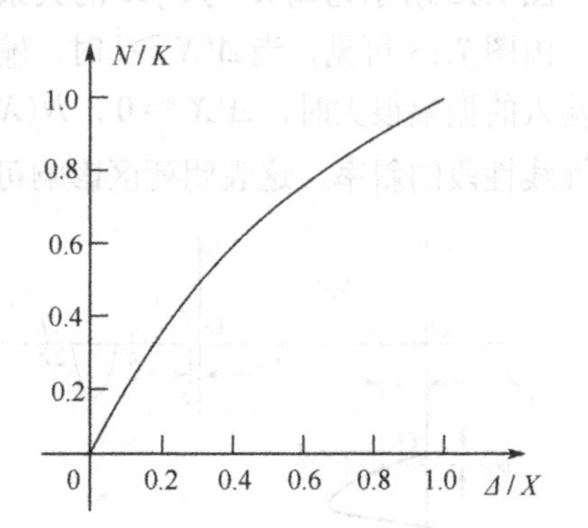

图 7.15 Δ/X 与 N/K 之间的关系曲线

7.2.3 用描述函数法分析系统的稳定性

用描述函数法分析非线性系统的稳定性，首先将系统化简成如图 7.16 所示的形式。系统的频率响应为

$$\frac{C(\mathrm{j}\omega)}{R(\mathrm{j}\omega)}=\frac{N(X)G(\mathrm{j}\omega)}{1+N(X)G(\mathrm{j}\omega)} \tag{7-9}$$

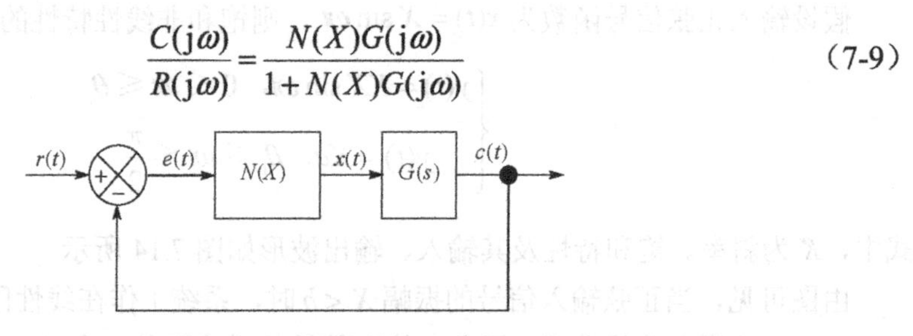

图 7.16 非线性系统

可以看出，当 $s=\mathrm{j}\omega$ 时，系统的特征方程为

$$1+N(X)G(\mathrm{j}\omega)=0 \tag{7-10}$$

或者写成

$$G(\mathrm{j}\omega)=-\frac{1}{N(X)} \tag{7-11}$$

其中，$-1/N(X)$ 称为非线性环节的负倒描述函数。$G(\mathrm{j}\omega)$ 与 $-1/N(X)$ 之间的相对位置决定了非线性系统的稳定性，证明略去。

判断非线性系统的稳定性，首先应在 s 平面上画出 $G(\mathrm{j}\omega)$ 与 $-1/N(X)$ 的轨迹，并在 $G(\mathrm{j}\omega)$ 的轨迹上标明 ω 增大的方向，在 $-1/N(X)$ 的轨迹上标明 X 增大的方向。如果非线性系统中的线性部分满足最小相位条件，则非线性系统稳定性的判定规则如下。

如果 $G(\mathrm{j}\omega)$ 不包围 $-1/N(X)$ 的轨迹，如图 7.17（a）所示，则系统稳定。$G(\mathrm{j}\omega)$ 离 $-1/N(X)$ 越远，系统的相对稳定性越好。

如果 $G(\mathrm{j}\omega)$ 包围 $-1/N(X)$ 的轨迹，如图 7.17（b）所示，则系统不稳定。

如果 $G(\mathrm{j}\omega)$ 与 $-1/N(X)$ 的轨迹相交，如图 7.17（c）所示，若交点处 $\omega=\omega_0$，而 $X=X_0$，设某一时刻有 $e(t)=X_0\sin\omega_0 t$。可以看出，此信号经过系统闭环回路一周回到输入端仍然为 $X_0\sin\omega_0 t$，系统中存在一个等幅振荡。该振荡可能是自持振荡，也可能在一定条件下收敛或发散。

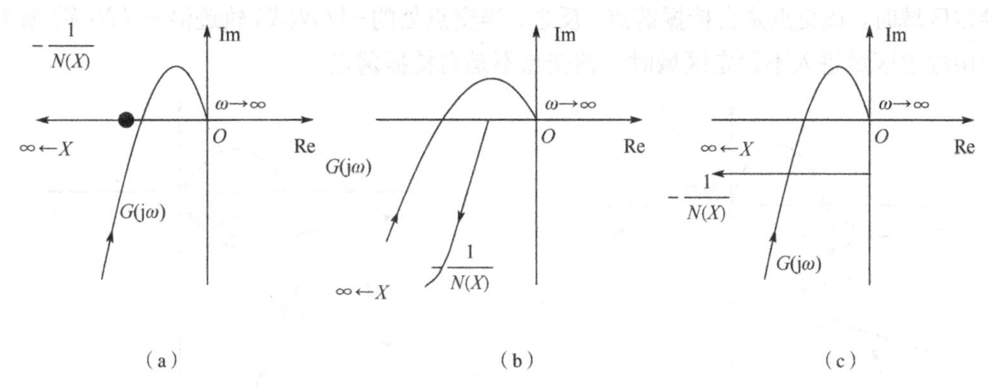

图 7.17　非线性系统稳定性分析

当 $G(\mathrm{j}\omega)$ 与 $-1/N(X)$ 的轨迹相交时，方程的解对应着一个周期运动的信号的振幅和频率。若这个等幅振荡在系统受到轻微扰动作用后偏离原来的运动状态，而当扰动消失后，系统又回到原来频率和振幅的等幅持续振荡，则这种等幅振荡称为非线性系统的自持振荡。自持振荡是一种稳定的等幅振荡，而不稳定的等幅振荡在系统受到扰动时，会收敛、发散或转移到另一个稳定的周期运动状态。

$$G(\mathrm{j}\omega)=-\frac{1}{N(X)}$$

自持振荡分析如图 7.18 所示，$G(\mathrm{j}\omega)$ 与 $-1/N(X)$ 的轨迹有两个交点 a 和 b。假设系统工作在 a 点，当受到轻微的扰动时，非线性环节的振幅增加，即工作点沿 $-1/N(X)$ 的曲线向 X 增大的方向运动到 c 点。由于 c 点被 $G(\mathrm{j}\omega)$ 包围，属于不稳定点，系统的响应发散。此时，工作点会继续沿 $-1/N(X)$ 的曲线向 X 增大的方向运动至 b 点。若系统受到轻微扰动使工作点沿 $-1/N(X)$ 的曲线向 X 减小的方向运动到 d 点。由于 d 点不被 $G(\mathrm{j}\omega)$ 包围，属于稳定点，系统的响应收敛。此时，工作点会继续沿 $-1/N(X)$ 的曲线向 X 减小的方向运动，直到 X 减小为零。显然，a 属于不稳定的等幅振荡点，不是自持振荡点。

假设系统工作在 b 点，当受到轻微的扰动时，非线性环节的振幅增加，即工作点沿 $-1/N(X)$ 的曲线向 X 增大的方向运动到 e 点。由于 e 点不被 $G(\mathrm{j}\omega)$ 包围，属于稳定点，系统的响应收敛。此时，工作点会继续沿 $-1/N(X)$ 的曲线向 X 减小的方向回到 b 点。若系统受到轻微扰动使工作点沿 $-1/N(X)$ 的曲线向 X 减小的方向运动到 f 点。由于 f 点被 $G(\mathrm{j}\omega)$ 包围，属于不稳定点，系统的响应发散。此时，工作点会继续沿 $-1/N(X)$ 的曲线向 X 增大

的方向回到 b 点。显然，b 点是一个稳定的等幅振荡点，是自持振荡点。

从上面的分析可以看出，图 7.18 所示的系统在非线性环节的输入信号振幅 $X < X_a$ 时，系统收敛；当 $X > X_a$ 时，系统产生自持振荡。系统的稳定性与初始条件及输入信号有关，这是非线性系统与线性系统的一个明显的区别。判断周期运动点是否是自持振荡点的方法如下：

自持振荡判别如图 7.19 所示，将 $G(\mathrm{j}\omega)$ 包围的区域看作不稳定区域，不被 $G(\mathrm{j}\omega)$ 包围的区域看作稳定区域。当交点处的 $-1/N(X)$ 轨迹沿 $-1/N(X)$ 增大的方向由不稳定区域进入稳定区域时，该交点是自持振荡点。反之，当交点处的 $-1/N(X)$ 轨迹沿 $-1/N(X)$ 增大的方向由稳定区域进入不稳定区域时，该交点不是自持振荡点。

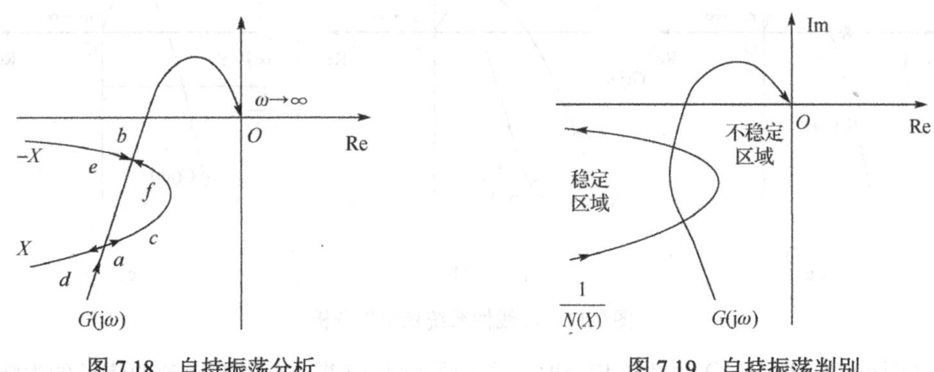

图 7.18 自持振荡分析　　　　图 7.19 自持振荡判别

7.3 改善非线性系统性能的措施及非线性特性的利用

非线性因素的存在，往往给系统带来不利的影响，如静差增大、响应迟钝或发生自振等。消除或减小非线性因素的影响，是非线性系统研究中一个有实际意义的课题。非线性特性类型很多，在系统中接入的方式也各不相同，没有通用的解决办法，只能根据具体问题灵活采取适宜的校正补偿措施。

7.3.1 改变线性部分的参数或针对线性部分进行校正

1. 改变参数

减小线性部分增益，$G(\mathrm{j}\omega)$ 曲线会收缩，当 $G(\mathrm{j}\omega)$ 曲线与 $-1/N(X)$ 曲线不再相交时，自振消失。由于 $G(\mathrm{j}\omega)$ 曲线不再包围 $-1/N(X)$ 曲线，闭环系统能够稳定工作。

2. 利用反馈校正方法

为了消除系统的自振，可在线性部分加入局部反馈，选取合适的反馈系数，可以改变线性环节幅相特性曲线的形状，使校正后的 $G_\beta(\mathrm{j}\omega)$ 曲线不再与负倒描述函数曲线相交，故自振不复存在，从而保证了系统的稳定性。

7.3.2　改变非线性特性

一般系统部件中固有的非线性特性是不易改变的，要消除或减小其对系统的影响，可以引入新的非线性特性。例如，设 N_1 为饱和特性，若选择 N_2 为死区特性，并使死区范围 Δ 等于饱和特性的线性段范围，且保持二者线性段斜率相同，则并联后总的输入、输出特性为线性特性。死区特性和饱和特性并联如图 7.20 所示。

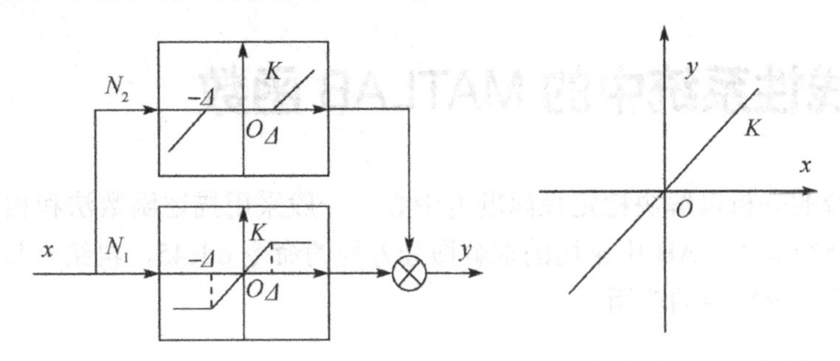

图 7.20　死区特性和饱和特性并联

由描述函数也可以证明：

$$N_1(X)=\frac{2K}{\pi}\left[\arcsin\frac{\Delta}{A}+\frac{\Delta}{A}\sqrt{1-\left(\frac{\Delta}{A}\right)^2}\right]$$

$$N_2(X)=\frac{2K}{\pi}\left[\frac{\pi}{2}-\arcsin\frac{\Delta}{A}-\frac{\Delta}{A}\sqrt{1-\left(\frac{\Delta}{A}\right)^2}\right]$$

故

$$N_1(X)+N_2(X)=K$$

7.3.3　非线性特性的利用

虽然非线性特性给系统的控制性能带来了许多不利的影响，但是如果运用得当，则可能获得线性系统无法比拟的良好效果。

图 7.21 所示为非线性阻尼控制系统结构图。在线性控制中，常用速度反馈来增加系统的阻尼，改善动态响应的平稳性。但是这种校正在减小超调的同时，往往会降低响应的速度，使系统的稳态误差增加。采用非线性校正，在速度反馈通道中串入死区特性。当系统输出量较小、小于死区 ε_0 时，没有速度反馈，系统处于弱阻尼状态，响应较快；而当输出量增大、超过死区 ε_0 时，速度反馈被接入，系统阻尼增大，从而抑止了超调量，使输出快速、平稳地跟踪输入命令。

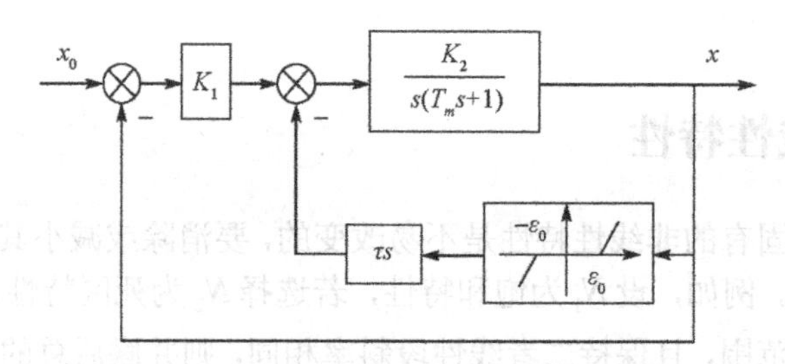

图 7.21　非线性阻尼控制系统结构图

7.4　非线性系统中的 MATLAB 函数

非线性系统的分析以解决稳定性问题为中心，一般采用描述函数法和相平面法进行分析。下面首先介绍 MATLAB 中常用的求解微分方程的命令 ode45，再结合具体实例说明其在非线性控制系统分析中的应用。

1．微分方程高阶数值解法

命令格式为[t,x] = ode45（'fun', t, x0）。

其中，fun 为调用函数；t 为设定的仿真时间；x0 为系统的初始状态。

2．综合运用（非线性系统的稳定性分析）

例　设饱和非线性系统结构如图 7.22 所示。试分别用描述函数法和相平面法判断系统的稳定性，并画出系统 $c(0)=-3$，$\dot{c}(0)=0$ 的相轨迹和相应的时间响应曲线。

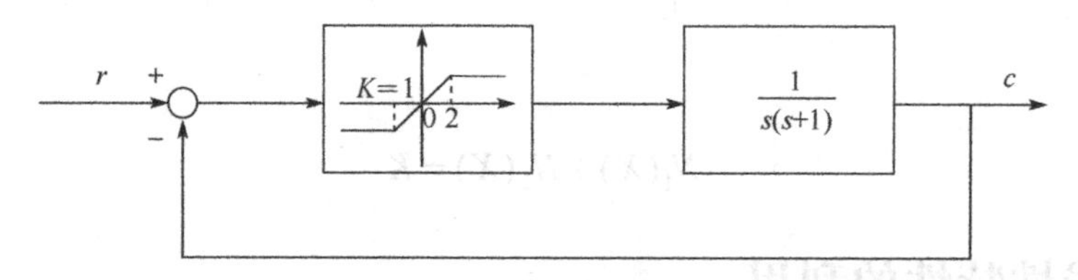

图 7.22　饱和非线性系统结构

解　（1）描述函数法。非线性环节的描述函数为

$$N(A)=\frac{2}{\pi}\left[\arcsin\frac{2}{A}+\frac{2}{A}\sqrt{1-\left(\frac{2}{A}\right)^{2}}\right],\ A\geqslant 2$$

在复平面内分别绘制线性环节的 $\varGamma_G$ 曲线和负倒描述函数$-1/N(A)$曲线，由于 $G(s)$为线性环节

$$G(s)=-\frac{1}{N(A)}$$

利用频域 Nyquist 稳定判据可知，若 $\varGamma_G$ 曲线不包围$-1/N(\mathrm{A})$曲线，则非线性系统稳定；

反之，则非线性系统不稳定。

```
G=zpk ([ ].[0 -1],1) ;                          %建立线性环节模型
nyquist (G) ; hold on                           %绘制线性环节 Nyquist 曲线Γ_G，图形保持
A=2:0.01:60;                                    %设定非线性环节输入信号振幅范围
x=real (-1./ ((2* (asin (2./A) + (2./A) .*sqrt (1- (2./A) . ^2) ) /pi+j*0) ) ; %计算负倒描述函数实部
y=imag (-1./ ((2* (asin (2./A) + (2./A) .*sqrt (1- (2./A) .^2) ) ) /pi+j*0) ) ;%计算负倒描述函数虚部
plot (x,y) ;                                    %绘制非线性环节的负倒描述函数
axis ([-1.5 0-1 1]) ;hold off                   %重新设置图形坐标，取消图形保持
```

在 MATLAB 中运行程序，作 Γ_G 曲线和负倒描述函数$-1/N(A)$曲线，系统描述函数法稳定性分析如图 7.23 所示。图中 Γ_G 曲线不包围$-1/N(A)$曲线。根据非线性稳定判据，该非线性系统稳定。

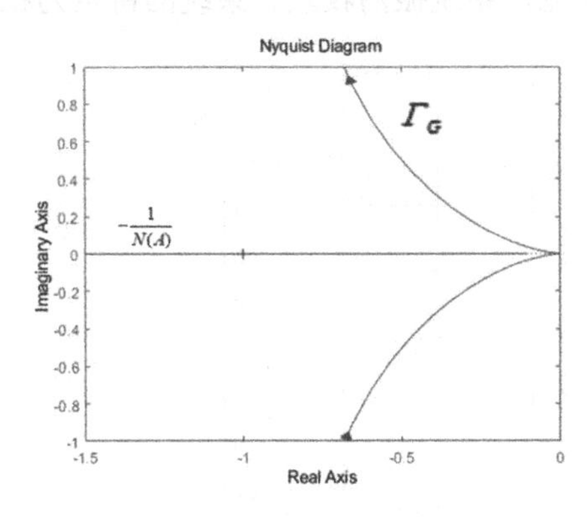

图 7.23　系统描述函数法稳定性分析

（2）相平面法。描述该系统的微分方程为

$$\ddot{c}+\dot{c}=\begin{cases}2, & c<-2\\ -c, & |c|<2\\ -2, & c>2\end{cases}$$

在相平面上精确绘制 $c-\dot{c}$ 曲线，首先需要确定上述系统微分方程在一定初始条件下的解，完成这一求解步骤一般十分困难，但借助 MATLAB 软件，求解过程可以大大简化，进而通过分析相轨迹的运动形式，可直观地判断非线性系统的稳定性。

```
t=0:0.01:30;                       %设定仿真时间为 30s
c0=[-3 0]';                        %给定初始条件 c(0)=-3，ċ(0)=0
[tc]=ode45 ('fun',t,c0) ;          %求解初始条件下的系统微分方程
figure (1)
plot (c (:,1) ,c (:.2) ) ; grid            %绘制相平面图,其中 c (:,1) 为 c (t) 值,c (:,2)为 é (t) 值
figure (2)
plot (t,c (:.1) ) ; grid;                  %绘制系统时间响应曲线
xlabel ('t (s) ') ; ylabel ('c (t) ')      %添加坐标说明
```

```
调用函数 fun.m
function dc=fun (t, c)                    %描述系统的微分方程

dc1=c (2) ;                   %c1 表示 c (t) , c (2) 表示 e (t) ,d 表示一阶导数
if (c (1) <-2)
dc2=2-c (2) ;                   %当 c<-2 时，ü=2-c
elseif (abs (c (1) ) <2)
dc2=-c (1) -c (2) ;                   %当 1|c|<2 时，c̈=−c−ċ
else dc2=-2-c (2) ;                   %否则当 c>2 时，c̈=−2−ċ
end
dc=[dcl dc2]';
```

在 MATLAB 中运行程序后，分别得到系统相轨迹和相应的系统时间响应曲线，如图 7.24 和图 7.25 所示。由图可见，系统振荡收敛。系统的奇点为稳定焦点。

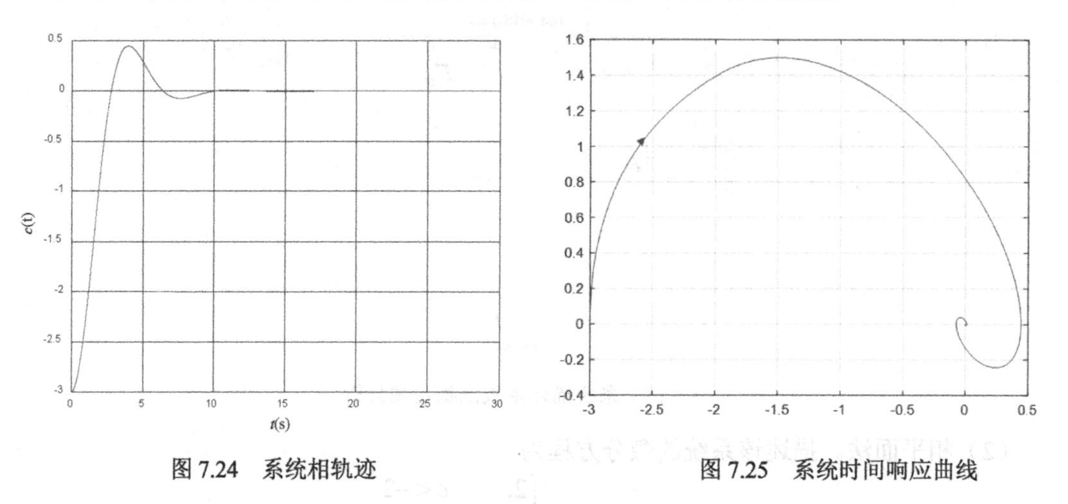

图 7.24　系统相轨迹　　　　图 7.25　系统时间响应曲线

需要指出的是，对于带高阶线性环节的非线性系统，借助 MATLAB 软件，分段求解微分方程可以将高阶系统的运动过程转化为包括位置、速度和加速度等变量的多维空间上的广义相轨迹，从而能直观、准确地反映系统的特性。

7.5　非线性控制系统分析实验

7.5.1　典型非线性环节模拟

1．实验目的

（1）学习运用自动控制原理学习机实现非线性环节的方法。

（2）分析典型非线性环节的输入、输出特性。

2. 预习要求

（1）了解典型非线性特性。
（2）了解反馈校正方法。

3. 实验内容

（1）死区非线性特性模拟电路如图 7.26 所示。死区输入/输出特性曲线如图 7.27 所示。

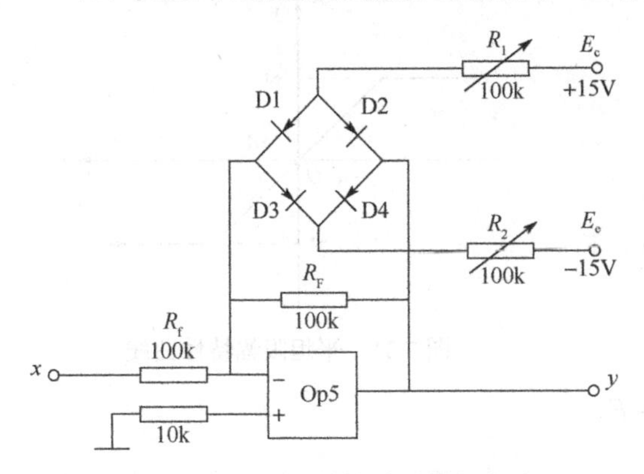

图 7.26　死区非线性特性模拟电路

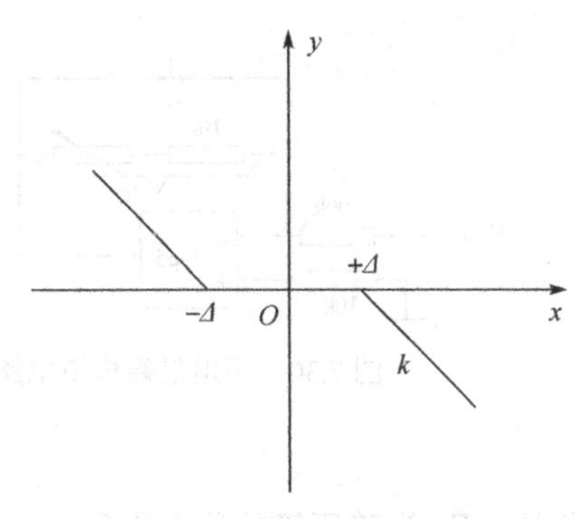

图 7.27　死区输入/输出特性曲线

死区非线性特征值：$\Delta=-\dfrac{R_f}{R_2}E_c$，$-\Delta=-\dfrac{R_f}{R_1}E_c$。

放大区斜率：$k\approx-\dfrac{R_F}{R_f}$。

①改变死区非线性特征值Δ，使Δ=10V、5V、1.5V，观察并记录输入/输出特性曲线。
②改变放大区斜率 k，观察并记录输入/输出特性曲线。
（2）饱和非线性特性模拟电路如图 7.28 所示。饱和输入/输出特性曲线如图 7.29 所示。

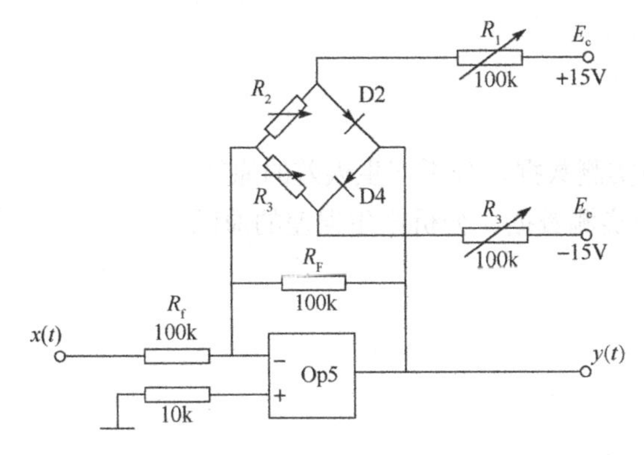

图 7.28　饱和非线性特性模拟电路

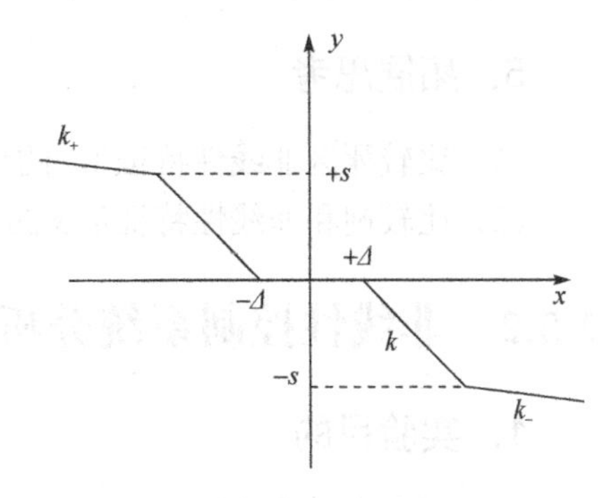

图 7.29　饱和输入/输出特性曲线

死区非线性特征值：$-s\approx-\dfrac{R_2}{R_1}E_e$，$s\approx\dfrac{R_4}{R_3}E_c$。

放大区斜率：$k\approx-\dfrac{R_F}{R_f}$。

限幅区斜率：$k_{+} \approx \dfrac{R_2 \,/\!/\, R_F}{R_f}$，$k_{-} \approx \dfrac{R_4 \,/\!/\, R_F}{R_f}$。

（3）改变饱和非线性特征值 s，使 $s = 9V$、6V、2.25V，观察并记录输入/输出特性曲线。

（4）改变斜率 k，观察并记录输入/输出特性曲线。

（5）为使限幅区特性平坦，可采用双向稳压管组成的限幅电路。

平坦限幅模拟电路如图 7.30 所示。平坦限幅特性曲线如图 7.31 所示。

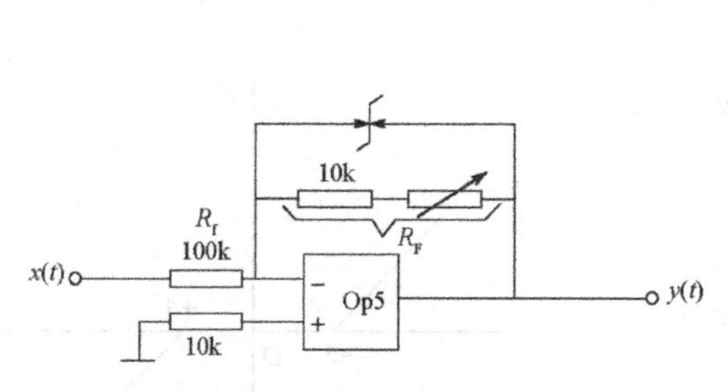

图 7.30　平坦限幅模拟电路

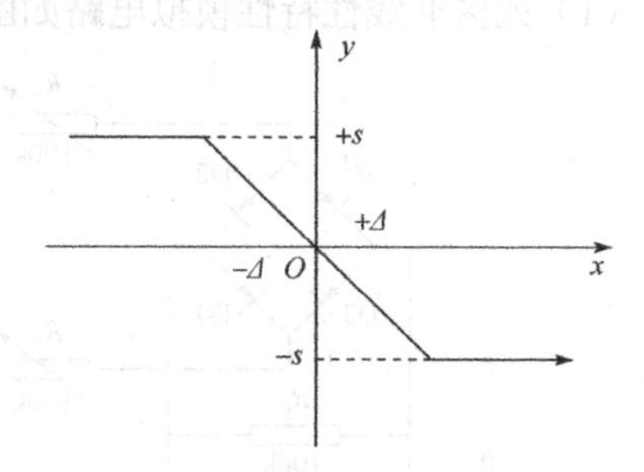

图 7.31　平坦限幅特性曲线

$$s = E_W$$

式中，E_W 为稳压管的稳定电压。

$$k = \frac{R_F}{R_f}$$

4．实验记录

（1）对实验结果的满意度进行分析。

（2）分析产生误差的原因。

（3）提出提高精度的方法和措施（或建议）。

（4）实验体会。

5．拓展思考

（1）比较死区非线性特征值 Δ 的计算值与实测数据，分析产生误差的原因。

（2）比较饱和非线性特征值 s 的计算值与实测数据，分析产生误差的原因。

7.5.2　非线性控制系统分析

1．实验目的

（1）研究典型非线性环节对线性系统的影响。

（2）观察非线性系统的自激振荡，应用描述函数法分析非线性系统。

2．预习要求

（1）了解典型非线性特性。

（2）了解反馈校正方法。

3．实验内容

（1）死区非线性特性对线性系统的影响。

具有死区特性的非线性系统的传递函数方块图如图7.32所示。

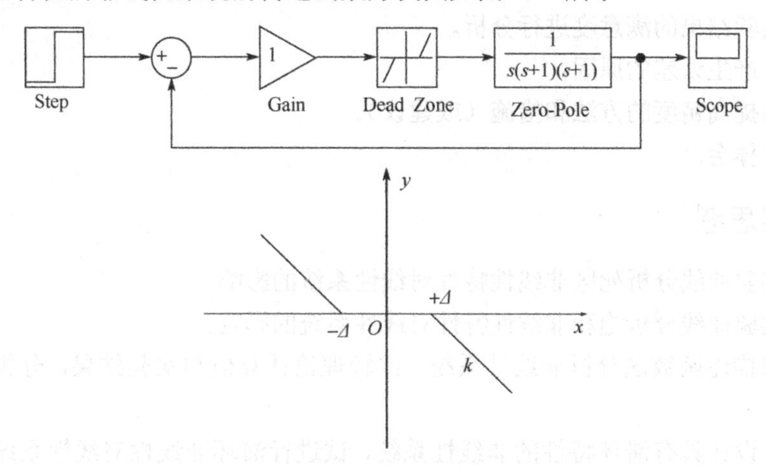

图7.32　具有死区特性的非线性系统的传递函数方块图

①在没有死区非线性环节时（将死区特性环节接成反相器），改变k值，使$k=1$、2、2.5，观察并记录线性系统在输入阶跃信号x作用下，呈现稳定与不稳定的动态过程。

②加入死区非线性环节，死区特征值$\Delta=5$V，改变k值，使$k=1$、2.5，观察并记录非线性系统在输入阶跃信号x作用下，呈现稳定与不稳定的动态过程，与不加非线性环节时的线性系统进行对比分析。

③死区特征值$\Delta=5$V，系统不稳定时（$k=2.5$），改变阶跃信号x的大小，使$x=1$V、5V，观察并记录非线性系统的动态过程，分析输入信号x的大小对死区特性的非线性系统的影响。

④改变死区特征值Δ，记录非线性系统的动态过程。

（2）饱和非线性特性对线性系统的影响。

具有饱和特性的非线性系统的传递函数方块图如图7.33所示。

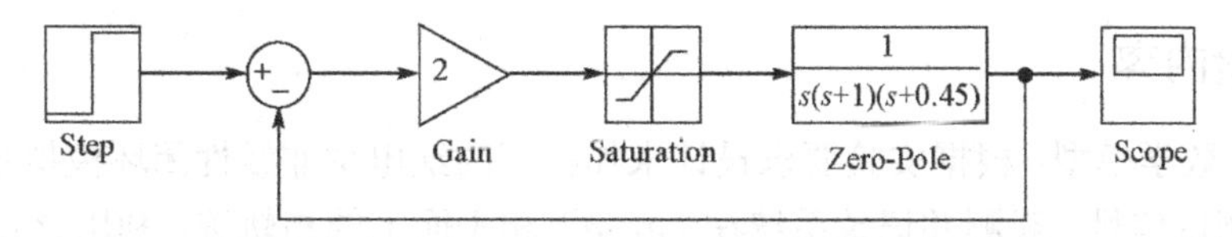

图7.33　具有饱和特性的非线性系统的传递函数方块图

①在没有饱和非线性环节时（将饱和特性环节接成反相器），改变k值，使$k=0.68$、1.5、2，输入阶跃信号x，观察并记录线性系统的动态过程，判断系统稳定性。

②加入饱和非线性环节，改变k值，使$k=0.68$、2，输入阶跃信号x，判断系统稳定性，当系统出现自激振荡时，记录自激振荡的频率和幅值，并与理论计算值进行比较。

③饱和非线性特征值$s=2.25$V，系统不稳定时（$k=2$），改变阶跃信号x的幅度，使$x=1$V、

5V，记录非线性系统的动态过程，分析输入信号 x 的大小对饱和特性的非线性系统的影响。

④输入信号 $x=3\text{V}$，系统不稳定时（$k=2$），改变饱和非线性特征值 s，使 $s=0.75\text{V}$、1.5V、3V，观察并记录非线性系统的动态过程。

4. 实验记录

（1）对实验结果的满意度进行分析。

（2）分析产生误差的原因。

（3）提出提高精度的方法和措施（或建议）。

（4）实验体会。

5. 拓展思考

（1）从实验曲线分析死区非线性特性对线性系统的影响。

（2）从实验曲线分析饱和非线性特性对线性系统的影响。

（3）应用描述函数法分析非线性系统，比较理论计算值与实验结果，分析产生误差的原因。

（4）自行设计具有滞环特性的非线性系统，试进行滞环非线性对线性系统的影响实验分析。

7.5.3 非线性系统的相平面法

1. 实验目的

（1）学习用相平面法分析非线性系统。

（2）掌握控制系统根轨迹的绘制方法。

2. 预习要求

（1）了解典型非线性特性。

（2）了解反馈校正方法。

3. 实验内容

（1）建立数学模型：根据实验要求设计未加校正的继电型非线性闭环模拟系统，利用阶跃输入作为测试信号，观测并记录系统在（e，$\dot{e}$）相平面上的相轨迹，利用该相轨迹分析系统的阶跃响应和稳态误差，并与测得的系统偏差的阶跃响应进行比较。继电型非线性闭环模拟系统如图 7.34 所示。

（2）带速度反馈的继电型非线性闭环模拟系统：设计并连接一带速度负反馈的继电型非线性闭环模拟系统，利用阶跃输入作为测试信号，观测并记录系统在（e，$\dot{e}$）相平面上的相轨迹，利用该相轨迹分析系统的阶跃响应和稳态误差，并与测得的系统偏差的阶跃响应进行比较。再将此实验结果与未加校正的继电型非线性闭环模拟系统相比较。

（3）饱和非线性闭环控制系统：设计并连接一饱和型非线性闭环模拟系统，利用阶跃输入作为测试信号，观测并记录系统在（e，$\dot{e}$）相平面上的相轨迹，利用该相轨迹分析系统的阶跃响应和稳态误差，并与测得的系统偏差的阶跃响应进行比较。

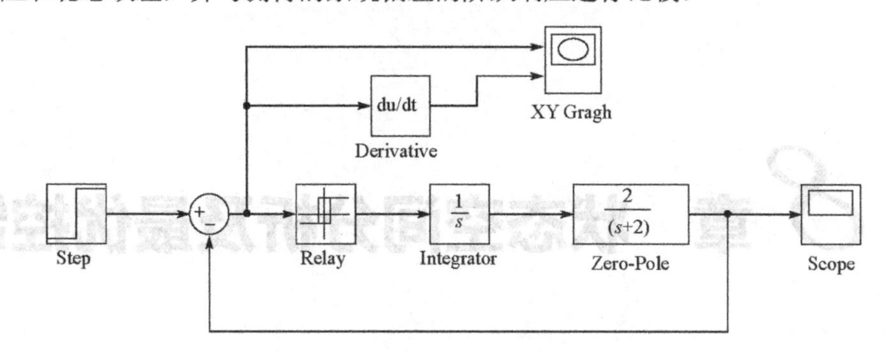

图 7.34　继电型非线性闭环模拟系统

4. 实验记录

（1）对实验结果的满意度进行分析。
（2）分析产生误差的原因。
（3）提出提高精度的方法和措施（或建议）。
（4）实验体会。

5. 拓展思考

（1）给定物理系统对象，即可建立数学模型。
（2）只要有系统数学模型，即可绘制系统相轨迹。
（3）根据系统相轨迹可以分析系统的稳定性及系统性能指标。

第 8 章　状态空间分析及最优控制

在经典控制理论和现代控制理论中，反馈是系统设计的主要方式。在经典控制理论中，运用传递函数描述系统的外部特性，只能选取输出变量进行反馈设计。在现代控制理论中，运用状态变量描述系统的物理特性，通常选取状态变量、输出变量进行反馈设计。由于状态反馈能够提供全面的校正信息，在最优控制设计、扰动抑制消除、解耦控制实现等系统综合分析中，状态反馈均获得了重要应用。状态反馈设计的前提是，必须用传感器进行状态变量的测量。然而，在真实世界中，所有状态变量很可能在物理上无法完全可测。此时，需要设计合适的状态观测器，对不可测变量进行状态估计。

8.1　观测器和极点配置

8.1.1　线性系统状态空间描述

经典线性系统理论通常适用于单输入-单输出线性定常系统，对于多输入-多输出系统无法有效处理。同时，经典线性系统理论无法揭示系统内部的结构特性，仅能揭示输入-输出之间的外部特性。将状态空间概念引入控制理论中，是经典控制理论到现代控制理论的过渡。现代控制理论中的线性系统理论运用状态空间法描述输入-输出状态诸变量间的因果关系，反映了系统的输入-输出外部特性和系统内部的结构特性，既适用于单输入-单输出系统，也适用于多输入-多输出系统。状态空间法是线性系统理论中最重要和影响最广的分支。

系统是指由相互作用的部分构成的整体，通常具有多输入-多输出结构，系统方块图如图 8.1 所示。系统输入 $\boldsymbol{u}=\left[u_1,u_2,\cdots,u_p\right]^{\mathrm{T}}$ 表示外部环境对系统的作用，系统输出 $\boldsymbol{y}=\left[y_1,y_2,\cdots,y_q\right]^{\mathrm{T}}$ 表示系统对外部环境的作用。系统的内部变量 $\boldsymbol{x}=\left[x_1,x_2,\cdots,x_n\right]^{\mathrm{T}}$ 表示系统内部每个时刻的状况。系统的数学描述是反映系统变量间因果关系和变换关系的一种数学模型。

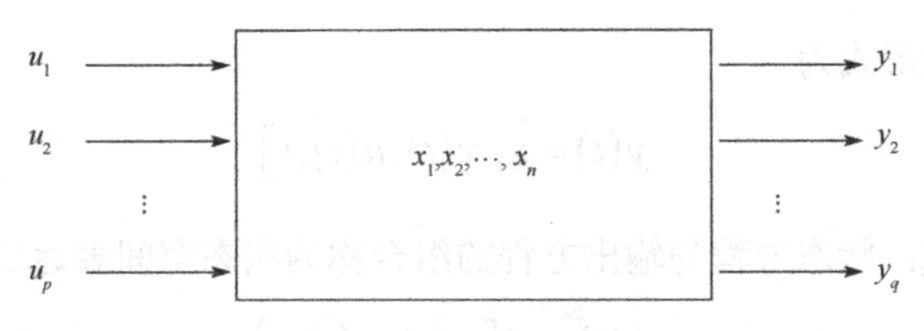

图 8.1　系统方块图

系统的数学描述通常有两种基本类型。一种是系统的外部描述，即输入-输出描述，仅反映系统外部变量间即输入-输出间的因果关系，无法表征系统的内部结构和内部变量。另一种类型是内部描述，即状态空间描述。这种描述是基于系统内部结构分析的一类数学模型，通常由两个数学方程组成：一个是反映系统内部变量 $\boldsymbol{x}=\left[x_1,x_2,\cdots,x_n\right]^{\mathrm{T}}$ 和输入变量 $\boldsymbol{u}=\left[u_1,u_2,\cdots,u_p\right]^{\mathrm{T}}$ 之间相互关系的数学表达式，一般由微分方程或差分方程表示，称为状态方程；另一个是表征系统内部变量 $\boldsymbol{x}=\left[x_1,x_2,\cdots,x_n\right]^{\mathrm{T}}$、输入变量 $\boldsymbol{u}=\left[u_1,u_2,\cdots,u_p\right]^{\mathrm{T}}$、输出变量 $\boldsymbol{y}=\left[y_1,y_2,\cdots,y_q\right]^{\mathrm{T}}$ 间相互关系的数学表达式，具有代数方程的形式，称为输出方程。需要注意的是，外部描述是对复杂系统的不完全描述，具有完全不同内部结构的两个系统可能具有相同的外部特性。相反，内部描述则是对复杂系统的完全描述，能够完全表征系统的动力学特征。

8.1.2　状态空间基本概念

通过状态空间描述系统，需要用到以下常用概念。

输入和输出：由外部施加到系统上的全部激励称为输入，能从外部量测到的来自系统的信息称为输出。

状态和状态变量：系统在时间域中的行为信息称为状态。确定系统状态的一组最少的独立变量称为状态变量。状态变量对于确定系统的行为信息是充分必要的。n 阶系统状态变量所含独立变量的个数为 n。状态变量的选取不具有唯一性，同一个系统可能有多种不同的状态变量选取方法。状态变量有时只具有数学意义，不一定具有实际物理意义。在实际实验及工程应用中，应尽可能选取易测量的量作为状态变量，以便实现状态反馈设计等。把描述系统状态的 n 个状态变量 $x_1(t),x_2(t),\cdots,x_n(t)$ 看作向量 $\boldsymbol{x}(t)$ 的分量，即

$$\boldsymbol{x}(t)=\left[x_1(t),x_2(t),\cdots,x_n(t)\right]^{\mathrm{T}}$$

则向量 $\boldsymbol{x}(t)$ 称为 n 维状态向量。

状态空间：以 n 个状态变量作为基底组成的 n 维空间称为状态空间。

状态方程：状态方程是指反映系统状态变量与输入变量之间关系的微分方程组（连续时间系统）。状态方程表征了系统由输入所引起的内部状态变化，其一般形式为

$$\dot{\boldsymbol{x}}(t)=\boldsymbol{f}\left[\boldsymbol{x}(t),\boldsymbol{u}(t),t\right] \tag{8-1}$$

输出方程：输出方程是指描述系统输出变量与系统状态变量和输入变量之间函数关系

的代数方程，其一般形式为

$$y(t)=g\left[x(t),u(t),t\right] \tag{8-2}$$

状态空间表达式： 状态方程与输出方程的组合称为状态空间表达式，其一般形式为

$$\dot{x}(t)=f\left[x(t),u(t),t\right] \tag{8-3}$$

$$y(t)=g\left[x(t),u(t),t\right]$$

线性系统： 若在系统的状态空间表达式中，f 和 g 均是线性函数，则称系统为线性系统，否则为非线性系统。

线性系统的状态空间表达式： 线性系统的状态方程是向量微分方程，输出方程是向量代数方程。线性连续时间系统状态空间表达式的一般形式为

$$\begin{aligned}\dot{x}(t)&=A(t)x(t)+B(t)u(t)\\ y(t)&=C(t)x(t)+D(t)u(t)\end{aligned} \tag{8-4}$$

若状态 x、输入 u、输出 y 的维数分别为 n、p、q，则称 $n\times n$ 矩阵 $A(t)$ 为系统矩阵，称 $n\times p$ 矩阵 $B(t)$ 为输入矩阵，称 $q\times n$ 矩阵 $C(t)$ 为输出矩阵，称 $q\times p$ 矩阵 $D(t)$ 为前馈矩阵。

线性定常系统： 在线性系统的状态空间表达式中，若系数矩阵 $A(t)$，$B(t)$，$C(t)$，$D(t)$ 的各元素都是常数，则称该系统为线性定常系统，否则为线性时变系统。线性定常系统状态空间表达式的一般形式为

$$\begin{aligned}\dot{x}(t)&=Ax(t)+Bu(t)\\ y(t)&=Cx(t)+Du(t)\end{aligned} \tag{8-5}$$

当输出方程中 $D\equiv 0$ 时，系统称为绝对固有系统，否则称为固有系统。通常，将固有系统记为系统 (A,B,C,D)，相应的绝对固有系统记为系统 (A,B,C)。

8.1.3 状态空间表达式

建立状态空间表达式的方法不具有唯一性。一种常用的方法是，根据系统的机理建立相应的微分方程，选择相关的物理量作为状态变量，进而导出其状态空间表达式。微分方程和传递函数是描述线性定常连续系统常用的数学模型。

例 8.1 试列写如图 8.2 所示 RLC 网络的电路方程，选择几组状态变量并建立相应的状态空间表达式，对所选状态变量之间的关系进行讨论。

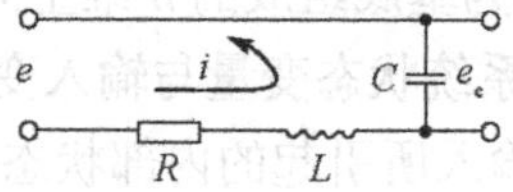

图 8.2 RLC 网络

解 根据电路定律可得如下方程：

$$Ri + L\frac{\mathrm{d}i}{\mathrm{d}t} + \frac{1}{C}\int i\mathrm{d}t = e$$

$$y = e_{\mathrm{c}} = \frac{1}{C}\int i\mathrm{d}t$$

设状态变量 $x_1 = i, x_2 = \frac{1}{C}\int i\mathrm{d}t$，则状态方程为

$$\dot{x}_1 = -\frac{R}{L}x_1 - \frac{1}{L}x_2 + \frac{1}{L}e$$

$$\dot{x}_2 = \frac{1}{C}x_1$$

输出方程为

$$y = x_2$$

将其重写为

$$\begin{bmatrix}\dot{x}_1\\ \dot{x}_2\end{bmatrix} = \begin{bmatrix}-\frac{R}{L} & -\frac{1}{L}\\ \frac{1}{C} & 0\end{bmatrix}\begin{bmatrix}x_1\\ x_2\end{bmatrix} + \begin{bmatrix}\frac{1}{L}\\ 0\end{bmatrix}e$$

$$y = \begin{bmatrix}0 & 1\end{bmatrix}\begin{bmatrix}x_1\\ x_2\end{bmatrix}$$

将其简记为

$$\dot{\boldsymbol{x}} = \boldsymbol{A}\boldsymbol{x} + \boldsymbol{b}e$$

$$y = \boldsymbol{c}\boldsymbol{x}$$

式中

$$\dot{\boldsymbol{x}} = \begin{bmatrix}\dot{x}_1\\ \dot{x}_2\end{bmatrix},\ \boldsymbol{x} = \begin{bmatrix}x_1\\ x_2\end{bmatrix},\ \boldsymbol{A} = \begin{bmatrix}-\frac{R}{L} & -\frac{1}{L}\\ \frac{1}{C} & 0\end{bmatrix},\ \boldsymbol{b} = \begin{bmatrix}\frac{1}{L}\\ 0\end{bmatrix},\ \boldsymbol{c} = \begin{bmatrix}0 & 1\end{bmatrix}$$

设状态变量 $x_1 = i, x_2 = \int i\mathrm{d}t$，则有

$$\begin{bmatrix}\dot{x}_1\\ \dot{x}_2\end{bmatrix} = \begin{bmatrix}-\frac{R}{L} & -\frac{1}{L}\\ \frac{1}{C} & 0\end{bmatrix}\begin{bmatrix}x_1\\ x_2\end{bmatrix} + \begin{bmatrix}\frac{1}{L}\\ 0\end{bmatrix}e$$

$$y = \begin{bmatrix}0 & \frac{1}{C}\end{bmatrix}\begin{bmatrix}x_1\\ x_2\end{bmatrix}$$

设状态变量 $x_1 = \frac{1}{C}\int i\mathrm{d}t + Ri, x_2 = \frac{1}{C}\int i\mathrm{d}t$，则有

$$x_1 = x_2 + Ri, \quad L\frac{\mathrm{d}i}{\mathrm{d}t} = -x_1 + e$$

$$\dot{x}_1 = \dot{x}_2 + R\frac{\mathrm{d}i}{\mathrm{d}t} = \frac{1}{RC}(x_1 - x_2) + \frac{R}{L}(-x_1 + e)$$

$$\dot{x}_2 = \frac{1}{C}i = \frac{1}{RC}(x_1 - x_2)$$

$$y = x_2$$

将其重写为

$$\begin{bmatrix}\dot{x}_1\\ \dot{x}_2\end{bmatrix} = \begin{bmatrix}\frac{1}{RC}-\frac{R}{L} & -\frac{1}{RC}\\ \frac{1}{RC} & -\frac{1}{RC}\end{bmatrix}\begin{bmatrix}x_1\\ x_2\end{bmatrix} + \begin{bmatrix}\frac{R}{L}\\ 0\end{bmatrix}e$$

$$y = \begin{bmatrix}0 & 1\end{bmatrix}\begin{bmatrix}x_1\\ x_2\end{bmatrix}$$

由上可见，系统的状态空间表达式不具有唯一性，选取不同的状态变量，即有不同的状态空间表达式。描述同一系统的不同状态空间表达式之间存在着线性变换关系。

例 8.2 设二阶系统微分方程为

$$\ddot{y} + 3\theta\lambda\dot{y} + \lambda^2 y = G\dot{u} + u$$

试求系统状态空间表达式。

解 设状态变量 $x_1 = y - p_0 u$，$x_2 = \dot{x}_1 - p_1 u = \dot{y} - p_0\dot{u} - p_1 u$，故有

$$y = x_1 + p_0 u, \quad \dot{x}_1 = x_2 + p_1 u$$

对 x_2 求导数可得

$$\begin{aligned}\dot{x}_2 &= \ddot{y} - p_0\ddot{u} - p_1\dot{u} = \left(-\lambda^2 y - 3\theta\lambda\dot{y} + G\dot{u} + u\right) - p_0\ddot{u} - p_1\dot{u}\\ &= -\lambda^2 x_1 - 3\theta\lambda x_2 - p_0\ddot{u} + \left(G - 3\theta\lambda p_0 - p_1\right)\dot{u} + \left(1 - \lambda^2 p_0 - 3\theta\lambda p_1\right)u\end{aligned}$$

令 $\ddot{u}, \dot{u}$ 项的系数为零，可得

$$p_0 = 0, \quad p_1 = G$$

故

$$\dot{x}_2 = -\lambda^2 x_1 - 3\theta\lambda x_2 + (1 - 3\theta\lambda G)u$$

状态空间表达式为

$$\begin{bmatrix}\dot{x}_1\\ \dot{x}_2\end{bmatrix} = \begin{bmatrix}0 & 1\\ -\lambda^2 & -3\theta\lambda\end{bmatrix}\begin{bmatrix}x_1\\ x_2\end{bmatrix} + \begin{bmatrix}G\\ 1-3\theta\lambda G\end{bmatrix}u, \quad y = \begin{bmatrix}1 & 0\end{bmatrix}\begin{bmatrix}x_1\\ x_2\end{bmatrix}$$

8.1.4 状态观测器

在最优控制设计、扰动抑制消除、解耦控制实现等方面，状态反馈均获得了广泛应用。为了利用状态进行反馈，必须用传感器测量状态变量，但并不是所有的状态变量在物理上都可以测量，因而提出了运用状态观测器进行状态估计的问题。下面介绍线性定常系统状态反馈结构及其对系统特性的影响。设有 n 维线性定常系统

$$\dot{\boldsymbol{x}}=\boldsymbol{A}\boldsymbol{x}+\boldsymbol{B}\boldsymbol{u},\quad \boldsymbol{y}=\boldsymbol{C}\boldsymbol{x} \tag{8-6}$$

式中，$\boldsymbol{x}$、$\boldsymbol{u}$、$\boldsymbol{y}$ 分别为 n 维、p 维和 q 维向量；$\boldsymbol{A}$、$\boldsymbol{B}$、$\boldsymbol{C}$ 分别为 $n\times n$、$n\times p$、$q\times n$ 维实数矩阵。

将控制变量 $\boldsymbol{u}$ 选取为状态变量的线性函数

$$\boldsymbol{u}=\boldsymbol{v}-\boldsymbol{K}\boldsymbol{x} \tag{8-7}$$

时，称之为线性直接状态反馈，其中，$\boldsymbol{v}$ 为 p 维参考输入向量；$\boldsymbol{K}$ 为 $p\times n$ 维实反馈增益矩阵。

由上式可得状态反馈动态方程

$$\dot{\boldsymbol{x}}=\left(\boldsymbol{A}-\boldsymbol{B}\boldsymbol{K}\right)\boldsymbol{x}+\boldsymbol{B}\boldsymbol{v},\quad \boldsymbol{y}=\boldsymbol{C}\boldsymbol{x} \tag{8-8}$$

其传递函数矩阵为

$$\boldsymbol{G}_K\left(s\right)=\boldsymbol{C}\left(s\boldsymbol{I}-\boldsymbol{A}+\boldsymbol{B}\boldsymbol{K}\right)^{-1}\boldsymbol{B} \tag{8-9}$$

用 $\{\boldsymbol{A}-\boldsymbol{B}\boldsymbol{K},\boldsymbol{B},\boldsymbol{C}\}$ 表示引入状态反馈后的闭环系统。系统的输出方程在引入状态反馈后没有发生变化。

加入状态反馈后的系统结构图如图 8.3 所示。

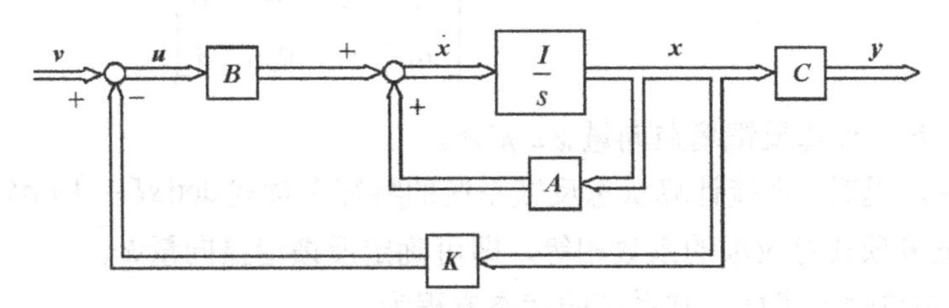

图 8.3　加入状态反馈后的系统结构图

状态反馈与输出反馈均可以改变系数矩阵。利用状态反馈，状态能够完整地揭示系统的动态行为，信息量大而完整，在不增加系统维数的情况下，可以完全支配响应特性。输出反馈仅利用了状态变量的线性组合进行反馈，信息量较小，引入的补偿装置使得系统维数增加，难以得到期望的响应特性。一个输出反馈系统的性能，一定有对应的状态反馈系统与之等同；但是，对于一个状态反馈系统，不一定有对应的输出反馈系统与之等同。值得注意的是，由于输出反馈所用的输出变量容易测量，实现方便，获得了较广泛的应用。对于状态反馈系统中不便测量或不能测量的状态变量，需要设计状态观测器进行状态重构。

由于引入了状态反馈和输出反馈，系统系数矩阵发生了变化，这对系统的可控性、可观

测性、稳定性、响应特性等均有影响。状态反馈的引入不改变系统的可控性，但可能改变系统的观测性。状态反馈和输出反馈都能影响系统的稳定性。加入反馈，使得通过反馈构成的闭环系统成为稳定系统。

8.1.5 极点配置

极点配置就是利用状态反馈或输出反馈使闭环系统的极点位于期望的极点位置。由于系统性能与其极点位置密切相关，因此极点配置在系统设计中应用广泛。利用状态反馈任意配置闭环极点的充分必要条件是被控系统可控。用输出至状态微分的反馈任意配置闭环极点的充要条件是被控系统可观。利用状态反馈的极点可配置条件适用于单输入-单输出系统、多输入-多输出系统。下面介绍单输入-单输出/多输出系统的极点配置算法。

给定可控系统$(\boldsymbol{A},\boldsymbol{b})$和一组期望的闭环特征值$\{\delta_1,\delta_2,\cdots,\delta_n\}$，要确定$1\times n$维的反馈增益向量$\boldsymbol{k}$，使得闭环系统状态矩阵$\boldsymbol{A}-\boldsymbol{bk}$的特征值为$\{\delta_1,\delta_2,\cdots,\delta_n\}$。

计算$\boldsymbol{A}$的特征多项式

$$\det[s\boldsymbol{I}-\boldsymbol{A}]=s^n+q_{n-1}s^{n-1}+\cdots+q_1s+q_0$$

计算由$\{\delta_1,\delta_2,\cdots,\delta_n\}$所决定的期望特征多项式

$$q_0^*(s)=(s-\delta_1)(s-\delta_2)\cdots(s-\delta_n)=s^n+q_{n-1}^*s^{n-1}+\cdots+q_1^*s+q_0^*$$

计算$\boldsymbol{k}^*$

$$\boldsymbol{k}^*=[q_0^*-q_0 \quad q_1^*-q_1 \quad \cdots \quad q_{n-1}^*-q_{n-1}]$$

计算$\boldsymbol{P}^{-1}$

$$\boldsymbol{P}^{-1}=[\boldsymbol{A}^{n-1}\boldsymbol{b} \ \cdots \ \boldsymbol{Ab} \ \boldsymbol{b}]\begin{bmatrix}1 & 0 & \cdots & 0\\ q_{n-1} & 1 & \cdots & \vdots\\ \vdots & \vdots & \cdots & 0\\ a_1 & \cdots & q_{n-1} & 1\end{bmatrix}$$

由$\boldsymbol{P}^{-1}$得到$\boldsymbol{P}$，计算反馈增益向量$\boldsymbol{k}=\boldsymbol{k}^*\boldsymbol{P}$。

在求解实际问题时，直接计算状态反馈系统的特征多项式$\det[s\boldsymbol{I}-\boldsymbol{A}+\boldsymbol{bk}]$，令其各项的系数与期望特征多项式对应项的系数相等，即可确定反馈增益向量$\boldsymbol{k}$。

例 8.3 已知单输入线性定常系统的状态方程为

$$\dot{x}=\begin{bmatrix}0 & 0 & 0\\ 1 & -6 & 0\\ 0 & 1 & -12\end{bmatrix}x+\begin{bmatrix}1\\ 0\\ 0\end{bmatrix}u$$

求状态反馈向量$\boldsymbol{k}$，使系统的闭环特征值为

$$\delta_1=-2,\quad \delta_2=-1+\mathrm{j},\quad \delta_3=-1-\mathrm{j}$$

解 系统的可控性判别矩阵为

$$M_c = \begin{bmatrix} b & Ab & A^2b \end{bmatrix} = \begin{bmatrix} 0 & 0 & 0 \\ 1 & -6 & 0 \\ 0 & 1 & -12 \end{bmatrix}$$

$$\mathrm{rank}M_c = 3 = n$$

系统可控，满足可配置条件。系统的特征多项式为

$$\det[sI - A] = \det\begin{bmatrix} s & 0 & 0 \\ -1 & s+6 & 0 \\ 0 & -1 & s+12 \end{bmatrix} = s^3 + 18s^2 + 72s$$

期望特征多项式为

$$q_0^*(s) = (s-\delta_1)(s-\delta_2)(s-\delta_3) = (s+2)(s+1-\mathrm{j})(s+1+\mathrm{j})$$
$$= s^3 + 4s^2 + 6s + 4$$

于是有

$$\bar{k} = [q_0^* - q_0 \ \ q_1^* - q_1 \ \ q_2^* - q_2] = [4 \ \ -66 \ \ -14]$$

变换矩阵为

$$P^{-1} = [A^2b \ Ab \ b]\begin{bmatrix} 1 & 0 & 0 \\ q_2 & 1 & 0 \\ q_1 & q_2 & 1 \end{bmatrix} = \begin{bmatrix} 0 & 0 & 1 \\ -6 & 1 & 0 \\ 1 & 0 & 0 \end{bmatrix}\begin{bmatrix} 1 & 0 & 0 \\ 18 & 1 & 0 \\ 72 & 18 & 1 \end{bmatrix} = \begin{bmatrix} 72 & 18 & 1 \\ 12 & 1 & 0 \\ 1 & 0 & 0 \end{bmatrix}$$

$$P = \begin{bmatrix} 0 & 0 & 1 \\ 0 & 1 & -12 \\ 1 & -18 & 144 \end{bmatrix}$$

$$k = k^*P = [4 \ \ -66 \ \ -14]\begin{bmatrix} 0 & 0 & 1 \\ 0 & 1 & -12 \\ 1 & -18 & 144 \end{bmatrix} = [-14 \ \ 186 \ \ -1220]$$

或令

$$q_0^*(s) = \det(sI - A + bk)$$
$$= \begin{bmatrix} s+k_1 & k_2 & k_3 \\ -1 & s+6 & 0 \\ 0 & -1 & s+12 \end{bmatrix}$$
$$= s^3 + (k_1+18)s^2 + (18k_1 + k_2 + 72)s + (72k_1 + 12k_2 + k_3)$$

于是有

$$k_1 + 18 = 4$$
$$18k_1 + k_2 + 72 = 6$$
$$72k_1 + 12k_2 + k_3 = 4$$

可求得

$$k_1=-14,\ k_2=186,\ k_3=-1220$$
$$\boldsymbol{k}=[k_1\ k_2\ k_3]=[-14\ 186\ -1220]$$

8.1.6 全维状态观测器设计

当利用状态反馈配置系统极点时，需要用传感器测量状态变量以便实现反馈。在实际情况下，通常只有被控对象的输入量和输出量能够被测量，多数状态变量不易测得。因此，需要利用被控对象的输入量和输出量建立状态观测器重构状态。当重构状态向量的维数等于被控对象状态向量的维数时，所建状态观测器称为全维状态观测器。下面介绍全维状态观测器的构成。

设被控系统动态方程为

$$\dot{\boldsymbol{x}}=\boldsymbol{Ax}+\boldsymbol{Bu},\ \ \boldsymbol{y}=\boldsymbol{Cx} \tag{8-10}$$

构造与式（8-10）动态特性相同的估值系统

$$\dot{\hat{\boldsymbol{x}}}=\boldsymbol{A}\hat{\boldsymbol{x}}+\boldsymbol{Bu},\ \ \hat{\boldsymbol{y}}=\boldsymbol{C}\hat{\boldsymbol{x}} \tag{8-11}$$

式中，$\hat{\boldsymbol{x}}$，$\hat{\boldsymbol{y}}$ 分别为估值系统的状态向量和输出向量，是对被控对象状态向量和输出向量的估计。由于被控系统和估值系统的初始状态不同，存在估计状态与被控对象实际状态的误差 $\hat{\boldsymbol{x}}-\boldsymbol{x}$，难以实现所需要的状态测量和状态反馈。但是，状态误差 $\hat{\boldsymbol{x}}-\boldsymbol{x}$ 必定产生输出误差 $\hat{\boldsymbol{y}}-\boldsymbol{y}$，被控系统的输出一般可以用传感器测量。根据一般反馈控制原理，将 $\hat{\boldsymbol{y}}-\boldsymbol{y}$ 负反馈至 $\dot{\hat{\boldsymbol{x}}}$ 处，控制 $\hat{\boldsymbol{y}}-\boldsymbol{y}$ 尽快趋近于零，使得 $\hat{\boldsymbol{x}}-\boldsymbol{x}$ 尽快趋近于零，利用 $\hat{\boldsymbol{x}}$ 形成状态反馈。状态观测器输入为 $\boldsymbol{u}$ 和 $\boldsymbol{y}$，输出为 $\hat{\boldsymbol{x}}$，$\boldsymbol{H}$ 为状态观测器输出反馈矩阵。

综上所述，全维状态观测器动态方程为

$$\dot{\hat{\boldsymbol{x}}}=\boldsymbol{A}\hat{\boldsymbol{x}}+\boldsymbol{Bu}-\boldsymbol{H}(\hat{\boldsymbol{y}}-\boldsymbol{y}),\ \ \hat{\boldsymbol{y}}=\boldsymbol{C}\hat{\boldsymbol{x}} \tag{8-12}$$

故有

$$\dot{\hat{\boldsymbol{x}}}=\boldsymbol{A}\hat{\boldsymbol{x}}+\boldsymbol{Bu}-\boldsymbol{HC}(\hat{\boldsymbol{x}}-\boldsymbol{x})=(\boldsymbol{A}-\boldsymbol{HC})\hat{\boldsymbol{x}}+\boldsymbol{Bu}+\boldsymbol{Hy} \tag{8-13}$$

式中，$\boldsymbol{A}-\boldsymbol{HC}$ 表示状态观测器系统矩阵。设计状态观测器的目的是保证

$$\lim_{t\to\infty}\left[\hat{\boldsymbol{x}}(t)-\boldsymbol{x}(t)\right]=0 \tag{8-14}$$

由上式可得

$$\dot{\boldsymbol{x}}-\dot{\hat{\boldsymbol{x}}}=(\boldsymbol{A}-\boldsymbol{HC})(\boldsymbol{x}-\hat{\boldsymbol{x}}) \tag{8-15}$$

其解为

$$\boldsymbol{x}(t)-\hat{\boldsymbol{x}}(t)=\mathrm{e}^{(\boldsymbol{A}-\boldsymbol{HC})(t-t_0)}[\boldsymbol{x}(t_0)-\hat{\boldsymbol{x}}(t_0)] \tag{8-16}$$

当 $\hat{\boldsymbol{x}}(t_0) \neq \boldsymbol{x}(t_0)$ 时，有 $\hat{\boldsymbol{x}}(t) \neq \boldsymbol{x}(t)$，输出反馈发挥作用，这时只要 $\boldsymbol{A}-\boldsymbol{HC}$ 的特征值具有负实部，误差状态变量就会按照指数规律衰减，其衰减速率取决于极点配置。若被控系统 $(\boldsymbol{A},\boldsymbol{B},\boldsymbol{C})$ 可观，则其状态可用形如 $\dot{\hat{\boldsymbol{x}}} = \boldsymbol{A}\hat{\boldsymbol{x}} + \boldsymbol{B}\boldsymbol{u} - \boldsymbol{HC}(\hat{\boldsymbol{x}} - \boldsymbol{x}) = (\boldsymbol{A}-\boldsymbol{HC})\hat{\boldsymbol{x}} + \boldsymbol{B}\boldsymbol{u} + \boldsymbol{H}\boldsymbol{y}$ 的全维状态观测器给出估值，其中矩阵 $\boldsymbol{H}$ 按照期望极点的配置需要来选择，从而决定误差状态衰减的速率。

例 8.4　设被控对象传递函数为

$$\frac{\boldsymbol{Y}(s)}{\boldsymbol{U}(s)} = \frac{2}{(s+1)(s+2)}$$

试设计全维状态观测器，将极点配置在（-10，-10）。

解　被控对象的传递函数为

$$\frac{\boldsymbol{Y}(s)}{\boldsymbol{U}(s)} = \frac{2}{(s+1)(s+2)} = \frac{2}{s^2+3s+2}$$

根据传递函数可得

$$\dot{\boldsymbol{x}} = \boldsymbol{A}\boldsymbol{x} + \boldsymbol{b}u，\ y = \boldsymbol{c}\boldsymbol{x}$$

其中

$$\boldsymbol{A} = \begin{bmatrix} 0 & 1 \\ -2 & -3 \end{bmatrix}，\ \boldsymbol{b} = \begin{bmatrix} 0 \\ 1 \end{bmatrix}，\ \boldsymbol{c} = \begin{bmatrix} 2 & 0 \end{bmatrix}$$

由上式可得，系统可控可观。h_0, h_1 分别为由 $\hat{\boldsymbol{y}} - \boldsymbol{y}$ 引至 $\dot{\hat{x}}_1, \dot{\hat{x}}_2$ 的反馈系数。全维状态观测器系统矩阵为

$$\boldsymbol{A} - \boldsymbol{hc} = \begin{bmatrix} 0 & 1 \\ -2 & -3 \end{bmatrix} - \begin{bmatrix} h_0 \\ h_1 \end{bmatrix}\begin{bmatrix} 2 & 0 \end{bmatrix} = \begin{bmatrix} -2h_0 & 1 \\ -2-2h_1 & -3 \end{bmatrix}$$

状态观测器特征方程为

$$|\delta \boldsymbol{I} - (\boldsymbol{A} - \boldsymbol{hc})| = \delta^2 + (2h_0+3)\delta + (6h_0 + 2h_1 + 2) = 0$$

期望特征方程为

$$(\delta+10)^2 = \delta^2 + 20\delta + 100 = 0$$

令上述两个特征方程同次项系数相等，可得

$$2h_0 + 3 = 20，\ 6h_0 + 2h_1 + 2 = 100$$

故得

$$h_0 = 8.5，\ h_1 = 23.5$$

8.2 最优控制

近年来，动态系统的优化理论得到迅速发展，形成了最优控制这一重要的学科分支。在古典控制理论中，设计恒值调节系统或随动系统通常要求保证闭环系统稳定，受控对象对典型的输入信号输出一定的静态和动态响应特性。但是在很多控制问题中，依据古典控制理论无法进行控制系统设计，不能满足实际控制需求。最优控制是指在给定的约束条件下，寻求一个控制，使得给定的系统性能指标达到极大值（或极小值）。它反映了系统的有序结构向着更高水平发展的必然要求，与最优化有着共同的性质和理论基础。对于给定初始状态的系统，如果控制因素是时间的函数，没有系统状态反馈，则称为开环最优控制；如果控制信号为系统状态及系统参数或其环境的函数，则称为自适应控制。最优控制在被控对象参数已知的情况下，已经成为设计复杂系统的有效方法之一。下面介绍动态系统最优控制的基本原理、常用方法及工程应用。

8.2.1 最优控制的基本原理

最优控制是现代控制理论的核心，其主要的研究问题是根据已建立的被控对象的数学模型，选择一个适当的控制律，使得被控对象按期望要求运行，同时使得给定的某一性能指标达到极小值（或极大值）。从数学观点来看，最优控制研究的问题是求解一类带有约束条件的泛函极值问题，属于变分学的范畴。经典变分理论只能解决控制无约束，即容许控制属于开集的一类最优控制问题，而在工程实践中遇到的问题大多为控制有约束，即容许控制属于闭集的一类最优控制问题。为了满足工程实践的需要，动态规划和极小值原理被相继提出，极大地丰富了最优控制理论的内涵。

最优控制是一门工程背景很强的学科分支，其研究的问题都是从具体工程实践中归纳和提炼出来的。例如，飞行器在地球表面实现软着陆，需要飞行器到达地球表面时的速度为零。在飞行过程中，选择飞行器发动机推力的最优控制律，使得燃料消耗最少。由于飞行器发动机的最大推力是有限的，所以这是一个控制有闭集约束的最小燃耗控制问题。飞行器软着陆示意图如图 8.4 所示。

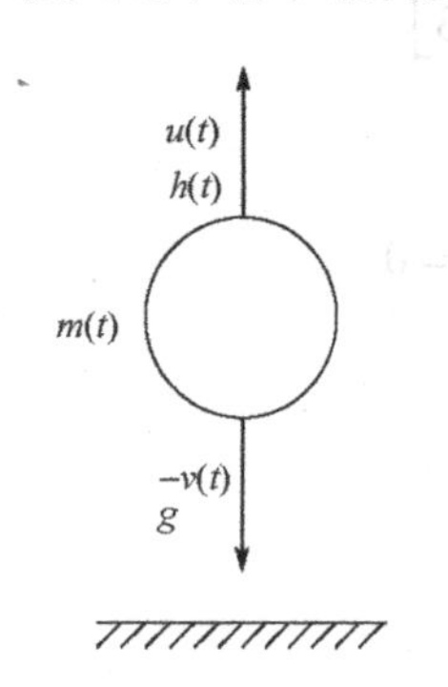

图 8.4　飞行器软着陆示意图

图中，$m(t)$ 为飞行器的质量；$h(t)$ 为高度；$v(t)$ 为飞行器垂直速度；g 为地球重力加速度；$u(t)$ 为飞行器发动机的推力。设飞行器的净质量为 M，飞行器所载燃料的质量为 F，飞行器发动机工作的末端时刻为 t_f，发动机最大推力为 u_{max}，已知飞行器飞行时初始高度为 h_0，初始垂直速度为 v_0，初始质量为 m_0。控制有约束的最小燃耗控制问题可归纳如下。

运动方程为

$$\dot{h}(t)=v(t),\quad \dot{v}(t)=\frac{u(t)}{m(t)}-g$$

$$\dot{m}(t)=-ku(t),\quad k=\text{const}$$

边界条件如下。

初始条件：$h(0)=h_0$，$v(0)=v_0$，$m(0)=m_0=M+F$

末端条件：$h(t_f)=0$，$v(t_f)=0$

控制约束

$$0\leqslant u(t)\leqslant u_{\max}$$

性能指标

$$J=m(t_f)$$

最优控制的任务是在满足控制约束条件下，寻求发动机推力的最优变化律$u^*(t)$，使飞行器由已知初态转移到要求的末态，并使性能指标$J=m(t_f)=\max$，从而使飞行过程中燃料消耗量最小。

飞行器的燃耗最优控制表明，任何一个最优控制问题均应包含以下 4 个方面的内容。

1）受控系统数学模型

在$[t_0,t_f]$上，集中参数的连续受控系统的状态方程可由一阶常微分方程表示：

$$\dot{\boldsymbol{x}}(t)=\boldsymbol{f}[\boldsymbol{x}(t),\boldsymbol{u}(t),t],\quad \boldsymbol{x}(t_0)=\boldsymbol{x}_0 \tag{8-17}$$

式中，$\boldsymbol{x}(t)\in\mathbb{R}^n$，为状态向量；$\boldsymbol{u}(t)\in\mathbb{R}^m$，为控制向量，且在$[t_0,t_f]$上分段连续；$\boldsymbol{f}(\cdot)\in\mathbb{R}^n$，为连续向量函数，且对$\boldsymbol{x}(t)$和$t$连续可微。

2）边界条件与目标集

根据实际情况，通常要求受控系统状态方程的初态及末态满足一定的约束条件。动态系统的运动过程是系统从状态空间的一个状态到另一个状态的转移，其运动轨迹在状态空间中形成轨线$\boldsymbol{x}(t)$。为了确定要求的轨线$\boldsymbol{x}(t)$，需要确定轨线的两点边界值。因此，要求确定初态$\boldsymbol{x}(t_0)$和末态$\boldsymbol{x}(t_f)$，这是求解状态方程式（8-17）必需的边界条件。

在最优控制问题中，初始时刻t_0和初始状态$\boldsymbol{x}(t_0)$通常是已知的，但是末端时刻t_f和末端状态$\boldsymbol{x}(t_f)$则视具体控制问题而异。满足约束条件的所有末端状态构成的集合称为目标集。一般来说，末端时刻t_f和末端状态$\boldsymbol{x}(t_f)$可以固定，也可以自由。通常用如下形式描述：

$$\psi[\boldsymbol{x}(t_f),t_f]=0 \tag{8-18}$$

式中，$\psi(\cdot)\in\mathbb{R}^r$，为连续可微向量函数，$r\leqslant n$。

3）容许控制

通常，控制输入需要满足一定的约束条件。控制向量$\boldsymbol{u}(t)$的取值范围称为控制域，用Ω表示。由于$\boldsymbol{u}(t)$可在Ω的边界上取值，故所有属于集合且分段连续的控制向量，称为容许控制，满足控制约束的所有向量构成的集合称为容许控制集。

4）性能指标

性能指标是对受控系统状态特性和输入特性的定量评价。在状态空间中，采用不同的控制向量函数使得系统由已知初态向目标终态转移。性能指标的内容与形式，取决于最优控制问题所要完成的任务。不同的最优控制问题，有不同的性能指标，其一般形式可以写为

$$J=\varphi[\boldsymbol{x}(t_{\mathrm{f}}),t_{\mathrm{f}}]+\int_{t_0}^{t_{\mathrm{f}}}L[\boldsymbol{x}(t),\boldsymbol{u}(t),t]\mathrm{d}t \tag{8-19}$$

式中，$\varphi(\cdot)$ 和 $L(\cdot)$ 为连续可微的标量函数。$\varphi[\boldsymbol{x}(t_{\mathrm{f}}),t_{\mathrm{f}}]$ 称为末值项，$\int_{t_0}^{t_{\mathrm{f}}}L[\boldsymbol{x}(t),\boldsymbol{u}(t),t]\mathrm{d}t$ 称为过程项，二者均有具体的物理含义。

最优控制问题的一般提法可以概括为：在满足系统方程的约束条件下，在容许控制域 Ω 中确定一个最优控制律 $\boldsymbol{u}^*(t)$，使系统状态 $\boldsymbol{x}(t)$ 从已知初态 $\boldsymbol{x}_0$ 转移到要求的目标集，使得性能指标达到极值。

通常，最优控制问题可用下列泛函形式表示：

$$\begin{aligned}&\min_{\boldsymbol{u}(t)\in\Omega}J=\varphi[\boldsymbol{x}(t_{\mathrm{f}},t_{\mathrm{f}})]+\int_{t_0}^{t_{\mathrm{f}}}L[\boldsymbol{x}(t),\boldsymbol{u}(t),t]\mathrm{d}t\\&s.t.\ \ \dot{\boldsymbol{x}}(t)=\boldsymbol{f}[\boldsymbol{x}(t),\boldsymbol{u}(t),t],\quad \boldsymbol{x}(t_0)=\boldsymbol{x}_0\\&\qquad\psi[\boldsymbol{x}(t_{\mathrm{f}}),t_{\mathrm{f}}]=\boldsymbol{0}\end{aligned}$$

8.2.2 最优控制的应用类型

考虑到最优控制的应用类型与性能指标的形式密切相关，可按性能指标的数学形式进行大致的区分。性能指标按其数学形式分为如下三类。

1. 积分型性能指标

$$J=\int_{t_0}^{t_{\mathrm{f}}}L[\boldsymbol{x}(t),\boldsymbol{u}(t),t]\mathrm{d}t \tag{8-20}$$

积分型性能指标表示在整个控制过程中，系统的状态及控制应该满足的要求。采用积分型性能指标的最优控制系统，可分为以下几种应用类型。

（1）最小时间控制。

$$J=\int_{t_0}^{t_{\mathrm{f}}}\mathrm{d}t=t_{\mathrm{f}}-t_0 \tag{8-21}$$

（2）最少输入控制。

$$J=\int_{t_0}^{t_{\mathrm{f}}}\sum_{j=1}^{m}\left|u_j(t)\right|\mathrm{d}t \tag{8-22}$$

（3）最少能量控制。

$$J=\int_{t_0}^{t_{\mathrm{f}}}\boldsymbol{u}^{\mathrm{T}}(t)\boldsymbol{u}(t)\mathrm{d}t \tag{8-23}$$

2．末值型性能指标

$$J=\varphi[\boldsymbol{x}(t_{\mathrm{f}}),t_{\mathrm{f}}] \tag{8-24}$$

其中，末端时刻 t_{f} 可以固定，也可以自由。末值型性能指标表示在控制过程结束后，对系统末态 $\boldsymbol{x}(t_{\mathrm{f}})$ 的要求。

3．复合型性能指标

复合型性能指标是常用的性能指标形式，表示对整个控制过程和末端状态都有要求。采用复合型性能指标的最优控制系统，主要有两种应用类型。

（1）状态调节器。

$$J=\frac{1}{2}\boldsymbol{x}^{\mathrm{T}}(t_{\mathrm{f}})\boldsymbol{F}\boldsymbol{x}(t_{\mathrm{f}})+\frac{1}{2}\int_{t_0}^{t_{\mathrm{f}}}[\boldsymbol{x}^{\mathrm{T}}(t)\boldsymbol{Q}\boldsymbol{x}(t)+\boldsymbol{u}^{\mathrm{T}}(t)\boldsymbol{R}\boldsymbol{u}(t)]\mathrm{d}t \tag{8-25}$$

其中，$\boldsymbol{F}=\boldsymbol{F}^{\mathrm{T}}\geqslant \boldsymbol{0},\boldsymbol{Q}=\boldsymbol{Q}^{\mathrm{T}}\geqslant \boldsymbol{0},\boldsymbol{R}=\boldsymbol{R}^{\mathrm{T}}>\boldsymbol{0}$，称为加权矩阵。为了便于设计，加权矩阵 $\boldsymbol{F}$、$\boldsymbol{Q}$ 和 $\boldsymbol{R}$ 通常取为对角阵。该性能指标表示对于运行在某一平稳状态的线性控制系统，在系统受扰偏离原平衡状态时，控制律 $\boldsymbol{u}^{*}(t)$ 使系统恢复到原平衡状态附近时所要求的性能。其中，$\boldsymbol{x}^{\mathrm{T}}(t)\boldsymbol{Q}\boldsymbol{x}(t)$ 表示控制过程中的状态偏差；$\boldsymbol{u}^{\mathrm{T}}(t)\boldsymbol{R}\boldsymbol{u}(t)$ 表示控制过程中消耗的控制能量；$\boldsymbol{x}^{\mathrm{T}}(t_{\mathrm{f}})\boldsymbol{F}\boldsymbol{x}(t_{\mathrm{f}})$ 表示控制过程结束时的末态偏差；1/2 是为了便于进行二次型函数运算而加入的标量因子。

（2）输出跟踪系统。

$$J=\frac{1}{2}\boldsymbol{e}^{\mathrm{T}}(t_{\mathrm{f}})\boldsymbol{F}\boldsymbol{e}(t_{\mathrm{f}})+\frac{1}{2}\int_{t_0}^{t_{\mathrm{f}}}[\boldsymbol{e}^{\mathrm{T}}(t)\boldsymbol{Q}\boldsymbol{e}(t)+\boldsymbol{u}^{\mathrm{T}}(t)\boldsymbol{R}\boldsymbol{u}(t)]\mathrm{d}t \tag{8-26}$$

式中，$\boldsymbol{e}(t)=\boldsymbol{z}(t)-\boldsymbol{y}(t)$ 为跟踪误差；$\boldsymbol{z}(t)$ 为理想输出向量，与实际输出向量 $\boldsymbol{y}(t)$ 同维。

8.2.3　最优控制的研究方法

当数学模型、约束条件及性能指标确定后，求解最优控制问题的主要方法有以下三类。

解析法：适用于性能指标及约束条件有显示解析表达式的情况。一般先用求导方法或变分法求出最优控制的必要条件，得到一组方程式或不等式，然后求解这组方程式或不等式，得到最优控制的解析解。当控制无约束时，采用经典微分法或经典变分法；当控制有约束时，采用极小值原理或动态规划。如果系统是线性的，性能指标是二次型形式的，则可采用状态调节器理论求解。

数值计算法：若性能指标比较复杂，或无法用变量显函数表示，则可以采用直接搜索法，经过若干次迭代，搜索到最优点。数值计算法又可分为一维搜索法和多维搜索法，分别适用于求解单变量极值问题和多变量极值问题。

梯度型法：这是一种解析与数值计算相结合的方法。该方法包括：无约束梯度法，主要有陡降法、拟牛顿法、共轭梯度法和变尺度法等；有约束梯度法，主要有可行方向法和梯度投影法等。

下面介绍最优控制的解析求解方法之一，即线性二次型最优控制法。

8.2.4 线性二次型问题的最优控制

在线性系统中，若性能指标选取为状态变量和控制变量的二次型函数，则最优控制问题称为线性二次型问题。线性二次型问题的最优解具有统一的解析表达式和简单的线性状态反馈控制律，易于构成闭环最优反馈控制，便于工程实现。下面介绍线性二次型问题的最优控制。

设线性时变系统的动态方程为

$$\begin{aligned}&\dot{\boldsymbol{x}}(t)=\boldsymbol{A}(t)\boldsymbol{x}(t)+\boldsymbol{B}(t)\boldsymbol{u}(t),\quad \boldsymbol{x}(t_0)=\boldsymbol{x}_0\\&\boldsymbol{y}(t)=\boldsymbol{C}(t)\boldsymbol{x}(t)\end{aligned}\tag{8-27}$$

其性能指标为

$$J=\frac{1}{2}\boldsymbol{e}^{\mathrm{T}}(t_{\mathrm{f}})\boldsymbol{F}\boldsymbol{e}(t_{\mathrm{f}})+\frac{1}{2}\int_{t_0}^{t_{\mathrm{f}}}[\boldsymbol{e}^{\mathrm{T}}(t)\boldsymbol{Q}(t)\boldsymbol{e}(t)+\boldsymbol{u}^{\mathrm{T}}(t)\boldsymbol{R}(t)\boldsymbol{u}(t)]\mathrm{d}t\tag{8-28}$$

其中，$\boldsymbol{x}(t)\in\mathbb{R}^n$；$\boldsymbol{u}(t)\in\mathbb{R}^m$，无约束；$\boldsymbol{y}(t)\in\mathbb{R}^l$，$0<l\leqslant m\leqslant n$；输出误差向量 $\boldsymbol{e}(t)=\boldsymbol{z}(t)-\boldsymbol{y}(t)$；$\boldsymbol{z}(t)\in\mathbb{R}^l$，为理想输出向量；$\boldsymbol{A}(t)$，$\boldsymbol{B}(t)$，$\boldsymbol{C}(t)$ 为维数适当的时变矩阵，其元素连续有界；加权矩阵 $\boldsymbol{F}=\boldsymbol{F}^{\mathrm{T}}\geqslant\boldsymbol{0}$，$\boldsymbol{Q}(t)=\boldsymbol{Q}^{\mathrm{T}}(t)\geqslant\boldsymbol{0}$，$\boldsymbol{R}(t)=\boldsymbol{R}^{\mathrm{T}}(t)>\boldsymbol{0}$；$t_0$ 及 t_{f} 固定。需要确定最优控制 $\boldsymbol{u}^*(t)$，使性能指标式（8-28）极小。

在二次型指标中，其各项都有明确的物理含义，分述如下。

（1）末值项 $\frac{1}{2}\boldsymbol{e}^{\mathrm{T}}(t_{\mathrm{f}})\boldsymbol{F}\boldsymbol{e}(t_{\mathrm{f}})$。若取 $\boldsymbol{F}=\mathrm{diag}(f_1,f_2,\cdots,f_l)$，则有

$$\frac{1}{2}\boldsymbol{e}^{\mathrm{T}}(t_{\mathrm{f}})\boldsymbol{F}\boldsymbol{e}(t_{\mathrm{f}})=\frac{1}{2}\sum_{i=1}^{l}f_i e_i^2(t_{\mathrm{f}})$$

上式表明，末值项是末态跟踪误差向量 $\boldsymbol{e}(t_{\mathrm{f}})$ 与希望的零向量之间的距离加权平方和。末值项的物理含义是在控制过程结束后，对系统末态跟踪误差的要求。

（2）积分项 $\frac{1}{2}\int_{t_0}^{t_{\mathrm{f}}}\boldsymbol{e}^{\mathrm{T}}(t)\boldsymbol{Q}(t)\boldsymbol{e}(t)\mathrm{d}t$。若取 $\boldsymbol{Q}(t)=\mathrm{diag}\{q_1(t),q_2(t),\cdots,q_l(t)\}$，则有

$$\frac{1}{2}\int_{t_0}^{t_{\mathrm{f}}}\boldsymbol{e}^{\mathrm{T}}(t)\boldsymbol{Q}(t)\boldsymbol{e}(t)\mathrm{d}t=\frac{1}{2}\int_{t_0}^{t_{\mathrm{f}}}\sum_{i=1}^{l}q_i(t)e_i^2(t)\mathrm{d}t$$

上式表明，该积分项是在系统控制过程中，对系统动态跟踪误差加权平方和进行积分，反映了动态跟踪误差的总度量。该积分项与末值项反映了系统的控制效果。

（3）积分项 $\frac{1}{2}\int_{t_0}^{t_{\mathrm{f}}}\boldsymbol{u}^{\mathrm{T}}(t)\boldsymbol{R}(t)\boldsymbol{u}(t)\mathrm{d}t$。若取 $\boldsymbol{R}(t)=\mathrm{diag}\{r_1(t),r_2(t),\cdots,r_m(t)\}$，则有

$$\frac{1}{2}\int_{t_0}^{t_{\mathrm{f}}}\boldsymbol{u}^{\mathrm{T}}(t)\boldsymbol{R}(t)\boldsymbol{u}(t)\mathrm{d}t=\frac{1}{2}\int_{t_0}^{t_{\mathrm{f}}}\sum_{i=1}^{m}r_i(t)u_i^2(t)\mathrm{d}t$$

上式表明，该积分项定量地刻画了在整个控制过程中消耗的控制能量，控制信号的大小往往正比于作用力或力矩。

上述分析表明，使二次型指标极小的物理意义是：使系统在整个控制过程中的动态跟踪误差、控制能量消耗及控制过程结束时的末端跟踪偏差综合最优。从性能指标可知，加权矩阵 $\boldsymbol{F}$ 、$\boldsymbol{Q}(t)$ 和 $\boldsymbol{R}(t)$ 必须取为非负矩阵，否则其数学描述就会违背物理现实意义。由于最优控制律的需要，加权矩阵取为 $\boldsymbol{R}(t)$ 正定，保证最优解的存在。

8.2.5 无限时间定常状态调节器

在系统控制问题中，将系统内的一些变量保持在目标值或目标函数值附近，这类问题称为调节器问题。当系统受扰偏离原零平衡态后，若希望将系统最优地恢复到原平衡状态，不产生稳态误差，则必须采用无限时间状态调节器；若同时要求最优闭环系统渐近稳定，则应采用无限时间定常状态调节器，其最优状态反馈矩阵为常数矩阵，可以离线计算，便于实时控制。

设线性定常系统状态方程为

$$\dot{\boldsymbol{x}}(t)=\boldsymbol{A}\boldsymbol{x}(t)+\boldsymbol{B}\boldsymbol{u}(t),\quad \boldsymbol{x}(0)=\boldsymbol{x}_0 \tag{8-29}$$

性能指标为

$$J=\frac{1}{2}\int_0^{\infty}[\boldsymbol{x}^{\mathrm{T}}(t)\boldsymbol{Q}\boldsymbol{x}(t)+\boldsymbol{u}^{\mathrm{T}}(t)\boldsymbol{R}\boldsymbol{u}(t)]\mathrm{d}t \tag{8-30}$$

式中，$\boldsymbol{x}(t)\in\mathbb{R}^n$，$\boldsymbol{u}(t)\in\mathbb{R}^m$，无约束；$\boldsymbol{A}$ 、$\boldsymbol{B}$ 、$\boldsymbol{Q}$ 和 $\boldsymbol{R}$ 为维数适当的常值矩阵；加权矩阵 $\boldsymbol{Q}=\boldsymbol{Q}^{\mathrm{T}}\geqslant\boldsymbol{0}$，$\boldsymbol{R}=\boldsymbol{R}^{\mathrm{T}}>\boldsymbol{0}$。要求确定最优控制 $\boldsymbol{u}^*(t)$，使得该性能指标极小。

在上述问题描述中，若对于任意矩阵 $\boldsymbol{D}$，有 $\boldsymbol{D}\boldsymbol{D}^{\mathrm{T}}=\boldsymbol{Q}$，且 $\overline{\boldsymbol{P}}$ 是 Riccati 方程

$$\overline{\boldsymbol{P}}\boldsymbol{A}+\boldsymbol{A}^{\mathrm{T}}\overline{\boldsymbol{P}}-\overline{\boldsymbol{P}}\boldsymbol{B}\boldsymbol{R}^{-1}\boldsymbol{B}^{\mathrm{T}}\overline{\boldsymbol{P}}+\boldsymbol{Q}=\boldsymbol{0}$$

的解，则 $\{\boldsymbol{A},\boldsymbol{D}\}$ 完全可观的充分必要条件是 $\overline{\boldsymbol{P}}$ 为正定对称矩阵。

对于上述问题描述，若阵对 $\{\boldsymbol{A},\boldsymbol{B}\}$ 完全可控，阵对 $\{\boldsymbol{A},\boldsymbol{D}\}$ 完全可观，其中 $\boldsymbol{D}\boldsymbol{D}^{\mathrm{T}}=\boldsymbol{Q}$，且 $\boldsymbol{D}$ 任意，则存在唯一的最优控制

$$\boldsymbol{u}^*(t)=-\boldsymbol{R}^{-1}\boldsymbol{B}^{\mathrm{T}}\overline{\boldsymbol{P}}\boldsymbol{x}(x) \tag{8-31}$$

最优性能指标为

$$J^*=\frac{1}{2}\boldsymbol{x}^{\mathrm{T}}(0)\overline{\boldsymbol{P}}\boldsymbol{x}(0) \tag{8-32}$$

其中 $\overline{\boldsymbol{P}}$ 为对称正定常矩阵，是 Riccati 方程

$$\overline{\boldsymbol{P}}\boldsymbol{A}+\boldsymbol{A}^{\mathrm{T}}\overline{\boldsymbol{P}}-\overline{\boldsymbol{P}}\boldsymbol{B}\boldsymbol{R}^{-1}\boldsymbol{B}\overline{\boldsymbol{P}}+\boldsymbol{Q}=\boldsymbol{0} \tag{8-33}$$

的唯一解。

8.2.6 最优闭环系统的渐近稳定性

对于线性定常系统，系统状态不会在有限的时间内趋于无穷，但是无限时间最优状态调节系统则可能是不稳定的。对于上述问题描述，可得最优闭环系统

$$\dot{\boldsymbol{x}}(t)=(\boldsymbol{A}-\boldsymbol{B}\boldsymbol{R}^{-1}\boldsymbol{B}^{\mathrm{T}}\overline{\boldsymbol{P}})\boldsymbol{x}(t),\quad \boldsymbol{x}(0)=\boldsymbol{x}_0 \tag{8-34}$$

必定是渐近稳定的。

通过下面的例子，详细阐述无限时间定常状态调节器的设计方法。

例 8.5 设系统状态方程、初始条件及性能指标为

$$\begin{gathered}\dot{x}_1(t)=x_1(t),\ x_1(0)=1\\ \dot{x}_2(t)=x_2(t)+u(t),\ x_2(0)=1\\ J=\frac{1}{2}\int_0^{\infty}[\boldsymbol{x}^{\mathrm{T}}(t)\boldsymbol{x}(t)+u^2(t)]\mathrm{d}t\end{gathered}$$

求解最优控制 $u^*(t)$ 及最优性能指标 J^*。

解 状态 $x_1(t)$ 显然不可控。因为系统矩阵及状态转移矩阵为

$$\boldsymbol{A}=\begin{bmatrix}1&0\\0&1\end{bmatrix},\qquad \mathrm{e}^{\boldsymbol{A}t}=L^{-1}[(s\boldsymbol{I}-\boldsymbol{A})^{-1}]=\begin{bmatrix}\mathrm{e}^t&0\\0&\mathrm{e}^t\end{bmatrix}$$

零输入响应为

$$\begin{bmatrix}x_1(t)\\x_2(t)\end{bmatrix}=\mathrm{e}^{\boldsymbol{A}t}\boldsymbol{x}(0)=\begin{bmatrix}\mathrm{e}^t\\0\end{bmatrix}$$

显然

$$\lim_{t\to\infty}x_1(t)=\lim_{t\to\infty}\mathrm{e}^t\to\infty$$

性能指标为

$$\begin{aligned}J&=\frac{1}{2}\int_0^{\infty}[\boldsymbol{x}^{\mathrm{T}}(t)\boldsymbol{x}(t)+\boldsymbol{u}^2(t)]\mathrm{d}t\\&=\frac{1}{2}\int_0^{\infty}[x_1^2(t)+x_2^2(t)+u^2(t)]\mathrm{d}t\to\infty\end{aligned}$$

因而本例不存在最优解。

对于无限时间状态调节器，在工程应用上通常考虑系统在有限时间内的响应，要求稳态误差为零，因此，在性能指标中不考虑末值指标，取加权矩阵 $\boldsymbol{F}=\boldsymbol{0}$。

例 8.6 设系统状态方程、初始条件及性能指标为

$$\begin{gathered}\dot{x}_1(t)=u(t),\ x_1(0)=0\\ \dot{x}_2(t)=x_1(t),\ x_2(0)=1\end{gathered}$$

$$J=\int_0^{\infty}\left[x_2^2(t)+\frac{1}{4}u^2(t)\right]\mathrm{d}t$$

求解最优控制$\boldsymbol{u}^*(t)$和最优性能指标J^*。

解　本例为无限时间状态调节器问题。因

$$\begin{aligned}J&=\frac{1}{2}\int_0^{\infty}\left(2x_2^2+\frac{1}{2}u^2\right)\mathrm{d}t\\&=\frac{1}{2}\int_0^{\infty}\left\{[x_1\ x_2]\begin{bmatrix}0&0\\0&2\end{bmatrix}\begin{bmatrix}x_1\\x_2\end{bmatrix}+\frac{1}{2}u^2\right\}\mathrm{d}t\end{aligned}$$

显然

$$\boldsymbol{A}=\begin{bmatrix}0&0\\1&0\end{bmatrix},\quad \boldsymbol{b}=\begin{bmatrix}1\\0\end{bmatrix},\quad \boldsymbol{Q}=\begin{bmatrix}0&0\\0&2\end{bmatrix},\quad r=\frac{1}{2},\quad \boldsymbol{d}^{\mathrm{T}}=[0\ \ \sqrt{2}]$$

验证可控性与可观性：

$$\operatorname{rank}[\boldsymbol{b}\ \ \boldsymbol{Ab}]=\operatorname{rank}\begin{bmatrix}1&0\\0&1\end{bmatrix}=2$$

故$\boldsymbol{u}^*(t)$存在且最优闭环系统渐近稳定。

求解 Riccati 方程：

令

$$\overline{\boldsymbol{P}}=\begin{bmatrix}P_{11}&P_{12}\\P_{12}&P_{22}\end{bmatrix}$$

由

$$\overline{\boldsymbol{P}}\boldsymbol{A}+\boldsymbol{A}^{\mathrm{T}}\overline{\boldsymbol{P}}-\overline{\boldsymbol{P}}\boldsymbol{b}r^{-1}\boldsymbol{b}^{\mathrm{T}}\overline{\boldsymbol{P}}+\boldsymbol{Q}=\boldsymbol{0}$$

可得

$$\begin{aligned}&2P_{12}-2P_{11}^2=0\\&P_{22}-2P_{11}P_{12}=0\\&-2P_{12}^2+2=0\end{aligned}$$

$$\overline{\boldsymbol{P}}=\begin{bmatrix}1&1\\1&2\end{bmatrix}>0$$

最优解为

$$\boldsymbol{u}^*(t)=-r^{-1}\boldsymbol{b}^{\mathrm{T}}\overline{\boldsymbol{P}}\boldsymbol{x}(t)=-2x_1(t)-2x_2(t)$$

$$J^*=\frac{1}{2}\boldsymbol{x}^{\mathrm{T}}(0)\overline{\boldsymbol{P}}\boldsymbol{x}(0)=1$$

验证闭环系统稳定性：

$$\dot{\boldsymbol{x}}(t)=(\boldsymbol{A}-\boldsymbol{b}r^{-1}\boldsymbol{b}^{\mathrm{T}}\overline{\boldsymbol{P}})\boldsymbol{x}(t)=\begin{bmatrix}-2 & -2\\ 1 & 0\end{bmatrix}\boldsymbol{x}(t)=\overline{\boldsymbol{A}}\boldsymbol{x}(t)$$

其特征方程为

$$\det(\delta \boldsymbol{I}-\overline{\boldsymbol{A}})=\det\begin{bmatrix}\delta+2 & 2\\ -1 & \delta\end{bmatrix}=\delta^2+2\delta+2$$

其特征值为$\delta_1=-1+\mathrm{j},\delta_2=-1-\mathrm{j}$。由特征值判据可知，闭环系统渐进稳定。

8.3 状态空间分析及最优控制的MATLAB函数

8.3.1 状态空间分析的MATLAB函数

1. 创建状态空间模型

设线性定常系统的状态空间模型为

$$\dot{x}(t)=Ax(t)+Bu(t)$$
$$y(t)=Cx(t)+Du(t)$$

在MATLAB中，用于创建上式状态空间模型的命令为

sys = ss（A,B,C,D,Ts）

其中，A、B、C、D均表示相应维度的系统矩阵，Ts表示系统采样时间。在连续系统中，Ts可以缺省。

2. 状态空间与传递函数的模型转化

状态空间与传递函数是描述系统特性的常用模型。状态空间描述的是系统内部特性，传递函数描述的是系统外部特性。状态空间和传递函数之间、相似状态空间之间均存在等效的内在联系，可以进行相互转化。

在MATLAB中，用于状态空间与传递函数的模型转化的命令为

```
[A,B,C,D] = tf2ss (num ,den)
[num,den] = ss2tf (A,B,C,D)
sysT= ss2ss (sys,T)
```

其中，num、den分别表示多项式分子、分母的系数向量，其已按降幂排列，T表示相似变换矩阵。原状态空间$(\boldsymbol{A},\boldsymbol{B},\boldsymbol{C})$矩阵与相似变换后的状态空间矩阵$(\overline{\boldsymbol{A}},\overline{\boldsymbol{B}},\overline{\boldsymbol{C}})$存在如下关系：

$$\overline{\boldsymbol{A}}=\boldsymbol{TAT}^{-1}\quad \overline{\boldsymbol{B}}=\boldsymbol{TB}\quad \overline{\boldsymbol{C}}=\boldsymbol{CT}^{-1}$$

3. 可控性与可观性

可控性与可观性分别用于衡量线性系统中所有状态是否均可以由输入完全控制或者由输出完全反映，是线性系统分析的指标。考虑如下线性定常连续系统：

$$\dot{\boldsymbol{x}}(t)=\boldsymbol{A}\boldsymbol{x}(t)+\boldsymbol{B}\boldsymbol{u}(t)$$
$$\boldsymbol{y}(t)=\boldsymbol{C}\boldsymbol{x}(t)$$

式中，矩阵的维度为 n。

若该系统完全可控，则有

$$\operatorname{rank}\begin{bmatrix}\boldsymbol{B} & \boldsymbol{AB} & \dots & \boldsymbol{A}^{n-1}\boldsymbol{B}\end{bmatrix}=n$$

若该系统完全可观，则有

$$\operatorname{rank}\begin{bmatrix}\boldsymbol{C} & \boldsymbol{CA} & \dots & \boldsymbol{CA}^{n-1}\end{bmatrix}^{\mathrm{T}}=n$$

在 MATLAB 中，求解线性系统可控性与可观性的命令为

```
P = ctrb (A,B)
Q = obsv (A,C)
```

其中，P、Q 分别为线性系统的可控性矩阵及可观性矩阵。

4. 线性系统极点配置

在线性系统中，系统性能与其极点位置关系密切。利用状态反馈调整闭环系统的极点，使其处于预想位置，即极点配置。

在 MATLAB 中，对多维线性系统进行极点配置的命令为

```
F =place (A,B,K)
```

其中，K 为期望的极点位置，F 为状态反馈矩阵。

8.3.2　最优控制的 MATLAB 函数

1. 求解 Riccati 方程

离散代数 Riccati 方程是最简单的一类非线性方程，在现代控制理论中占有重要的地位。控制系统的可控性、可观性、稳定性等需要着重考虑，该类问题通常可以转化为相应的 Riccati 矩阵方程进行求解。尤其在最优控制方面，Riccati 方程被广泛应用于系统设计。

在 MATLAB 中，控制工具箱提供了相应的命令函数进行求解，其命令为

```
[P,l,g]= care (A,B,Q,R)
```

其中，P 是 Riccati 方程 $\boldsymbol{A}^{\mathrm{T}}\boldsymbol{P}+\boldsymbol{PA}-\boldsymbol{PBR}^{-1}\boldsymbol{B}^{\mathrm{T}}\boldsymbol{P}+\boldsymbol{Q}=0$ 的解。

2. 设计最优调节器

在线性系统中，若所取的性能指标为状态变量与控制变量的二次型函数，其动态系统的最优化问题，称为线性二次型问题。线性最优调节器的设计方法是求解非线性最优控制问题

的基础。线性最优控制除具有最优的二次型性能指标以外，还具有良好的频响特性。

在 MATLAB 中，控制工具箱提供了相应的命令函数用于设计最优调节器，其命令为

```
[F,P,e]=lqr (A,B,Q,R)
[F,P,e]=lqry (A,B,C,D,Q,R)
```

其中，P 表示 Riccati 方程的解，F 表示状态反馈矩阵，e 表示最优闭环系统的特征根。

8.4 现代控制理论实验

8.4.1 观测器和极点配置实验设计

1. 实验目的

（1）掌握线性系统状态反馈结构及闭环极点配置方法。

（2）掌握线性系统全维状态观测器结构及闭环极点配置方法。

2. 预习要求

（1）熟悉线性连续系统状态观测器的设计前提和条件。

（2）熟悉线性全维状态观测器的结构特点和设计机制。

（3）熟悉与极点配置相关的 MATLAB 函数及程序语言。

3. 实验内容

给定的系统为

$$\frac{\mathrm{d}}{\mathrm{d}t}x=\begin{bmatrix}-2 & 2 & -1\\ 0 & -2 & 0\\ 1 & -1 & 0\end{bmatrix}x+\begin{bmatrix}-1\\ 1\\ -1\end{bmatrix}u,\qquad x(0)=\begin{bmatrix}2\\ -1\\ 1.6\end{bmatrix}$$

$$y=\begin{bmatrix}1 & -1 & 0\end{bmatrix}x$$

求解极点配置增益及相关典型输入响应曲线。

4. 实验记录

针对上述系统，完成以下实验记录。

（1）可否通过状态反馈将系统极点配置在-1+i,-2 和-1-i 处呢？如果可以，求出上述极点配置的反馈增益向量，并绘制零输入系统状态响应曲线。

（2）若系统状态无法直接测量，可否通过状态观测器获取状态变量呢？若可以，设计一个极点位于-1,-2 和-3 处的全维状态观测器，并绘制在观测器初始状态为 0 时的零输入观测器状态响应曲线。

（3）绘制系统状态与观测器状态的误差响应曲线。

叙述实验设计步骤、程序代码、实验结果及分析、撰写实验报告。实验报告应包括以下内容：

① 姓名、学号、班级、指导老师等信息；

② 实验名称、实验目的、实验时间、实验设备及条件、实验内容及要求；

③ 根据各实验内容要求，针对每个实验的题目给出 MATLAB 语言程序及对应的 MATLAB 运算结果（按题目、程序、结果、说明或分析的顺序编排）；

④ 记录各种输出波形，并对实验结果进行相关分析。

注意：实验报告需要提交纸质版，请双面打印。

5. 拓展思考

在完成实验后，应对本次实验中涉及的相关原理、实验方法、重难点等进行拓展思考。

（1）线性连续系统状态观测器的设计过程及闭环极点配置方法。

（2）线性系统全维状态观测器的结构特点及闭环极点配置方法。

（3）实验中出现的问题及解决方法。

（4）实验的收获与体会。

8.4.2　四旋翼无人机观测器和极点配置虚拟仿真实验

1. 实验目的

（1）掌握飞控系统状态反馈结构及闭环极点配置方法。

（2）掌握飞控系统全维状态观测器设计及闭环极点配置方法。

（3）掌握 MATLAB 中相应函数的使用方法。

2. 预习要求

（1）了解无人机的姿态角模型。

（2）了解如何将系统模型转换为状态空间表达式。

（3）了解系统进行极点配置需要满足的条件。

（4）了解利用状态反馈进行极点配置的原理和方法。

3. 实验内容

使用 MATLAB 将无人机的姿态建模写成矩阵的形式，其数学模型如下：

$$\begin{cases}\ddot{\varphi}=\dfrac{lU_2}{I_x}-\dfrac{J_r\dot{\theta}}{I_x}\Omega-\dot{\theta}\dot{\psi}\dfrac{\left(I_z-I_y\right)}{I_x}-\dfrac{k_a}{I_x}\dot{\varphi}\\\ddot{\theta}=\dfrac{lU_3}{I_y}-\dfrac{J_r\dot{\varphi}}{I_y}\Omega-\dot{\varphi}\dot{\psi}\dfrac{\left(I_x-I_z\right)}{I_y}-\dfrac{k_a}{I_y}\dot{\theta}\\\ddot{\psi}=\dfrac{lU_4}{I_z}-\dot{\varphi}\dot{\theta}\dfrac{\left(I_y-I_x\right)}{I_z}-\dfrac{k_a}{I_z}\dot{\psi}\end{cases}$$

其中，$l=0.33; I_x=0.0053; I_y=0.0057; I_z=0.0080;\ k_a=0.1;\ J_r=0.1$。

控制器采用：$u_2=-k_1\varphi-k_2\dot{\varphi}$，$u_3=-k_3\theta-k_4\dot{\theta}, u_4=-k_5\psi-k_6\dot{\psi}$。求解无人机飞控系统极点配置增益及相关响应曲线。

4. 实验记录

针对上述系统，完成以下实验记录。

（1）判断系统是否满足极点可配置条件。

（2）通过状态反馈将系统极点配置在-1+i,-2 和-1-i 处。

（3）绘制系统状态误差响应曲线。

叙述实验设计步骤、程序代码、实验结果及分析、撰写实验报告。实验报告应包括以下内容：

① 姓名、学号、班级、指导老师等信息；

② 实验名称、实验目的、实验时间、实验设备及条件、实验内容及要求；

③ 根据各实验内容要求，针对每个实验的题目给出 MATLAB 语言程序及对应的 MATLAB 运算结果（按题目、程序、结果、说明或分析的顺序编排）；

④ 记录各种输出波形，并对实验结果进行相关分析。

注意：实验报告需要提交纸质版，请双面打印。

5. 拓展思考

在完成实验后，应对本次实验中涉及的相关原理、实验方法、重难点等进行拓展思考。

（1）无人机飞控系统状态观测器的设计过程及闭环极点配置方法。

（2）无人机飞控系统全维状态观测器的结构特点及闭环极点配置方法。

（3）实验中出现的问题及解决方法。

（4）实验的收获与体会。

8.4.3　最优控制实验设计

1. 实验目的

（1）掌握二次线性最优控制律设计方法。

（2）掌握 MATLAB 中相关函数的使用方法。

2. 预习要求

（1）熟悉最优控制的基本原理及数学模型。

（2）熟悉线性二次型最优控制的性能指标。

（3）熟悉无限时间定常状态调节器的设计方法及约束条件。

3. 实验内容

控制系统如下：

状态初值为

$$x(0)=[1\quad 2]^{\mathrm{T}}$$

性能指标为

$$J=\int_0^{\infty}\left[x^{\mathrm{T}}\begin{pmatrix}1 & 0\\ 0 & 0\end{pmatrix}x+u^2\right]\mathrm{d}t$$

求解该系统的最优控制律及性能指标，绘制相关状态响应曲线。

4. 实验记录

针对上述系统，完成以下实验记录。

（1）系统的最优控制律及最优性能指标。

（2）绘制最优控制律下的系统状态响应曲线。

叙述实验设计步骤、程序代码、实验结果及分析、撰写实验报告。实验报告应包括以下内容：

① 姓名、学号、班级、指导老师等信息；

② 实验名称、实验目的、实验时间、实验设备及条件、实验内容及要求；

③ 根据各实验内容要求，针对每个实验的题目给出 MATLAB 语言程序及对应的 MATLAB 运算结果（按题目、程序、结果、说明或分析的顺序编排）；

④ 记录各种输出波形，并对实验结果进行相关分析。

注意：实验报告需要提交纸质版，请双面打印。

5. 拓展思考

在完成实验后，应对本次实验中涉及的相关原理、实验方法、重难点等进行拓展思考。

（1）二次线性最优控制律设计原理及方法。

（2）无限时间定常状态调节器的设计原理及应用场景。

（3）实验中出现的问题及解决方法。

（4）实验的收获与体会。

第 9 章　无人机自动跟踪虚拟仿真综合实验

9.1　虚拟仿真实验目的

本实验教学以立德树人为根本任务，基于自动控制的前沿技术，将实际复杂工程控制问题和虚拟仿真信息化技术相结合，价值塑造、知识传授和能力培养多元统一，培养和提升学生解决控制领域复杂工程实际问题的能力。具体实验教学目标包括以下几点。

（1）熟悉实验场景，掌握无人机的定义、各硬件模块的功能与用途、无人机的基本工作原理，能进行城市追踪下的自动控制原理虚拟仿真实验。

（2）培养学生的社会责任感，激发学生奉献社会的情怀和使命感，培养学生严谨的研究态度和科学的工作方法。

（3）掌握控制系统的工作原理和建模方法，具备综合运用自动控制原理等课程知识点，分析和理解复杂工程控制对象、控制要求及系统建模的能力。

（4）掌握控制系统的性能测试与分析计算的方法，具备完成控制系统的搭建、算法设计和验证的能力。

（5）掌握根据工程实际需求对控制系统进行设计与调试的方法，具备探究性思维方式，提高分析和解决实际问题的能力及自主创新实践能力。

9.2　虚拟仿真实验原理

9.2.1　数学建模

1. 飞机模型

四旋翼无人机是一个复杂的动力学系统，是一个具有多输入、多输出、强耦合的欠驱动系统，其受力分析如图 9.1 所示。

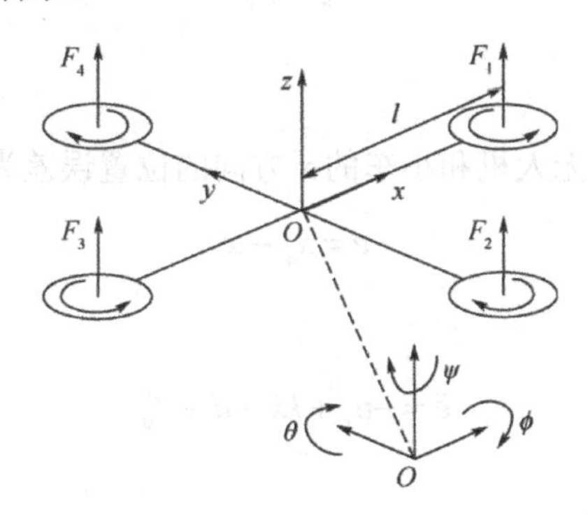

图 9.1　四旋翼无人机受力分析

将无人机视为一个刚体，进行动力学分析，得到如下数学模型：

$$
\begin{cases}
\ddot{x} = u_1(\cos\phi\sin\theta\cos\psi + \sin\phi\sin\psi) - \dfrac{K_1\dot{x}}{m} + d_1 \\
\ddot{y} = u_1(\sin\phi\sin\theta\cos\psi - \cos\phi\sin\psi) - \dfrac{K_2\dot{y}}{m} + d_2 \\
\ddot{z} = u_1\cos\phi\cos\psi - g - \dfrac{K_3\dot{z}}{m} + d_3 \\
\ddot{\phi} = u_2 - \dfrac{lK_4\dot{\phi}}{I_{xx}} + d_4 \\
\ddot{\theta} = u_3 - \dfrac{lK_5\dot{\theta}}{I_{yy}} + d_5 \\
\ddot{\psi} = u_4 - \dfrac{lK_6\dot{\psi}}{I_{zz}} + d_6
\end{cases}
$$

暂取 x 方向的位置状态进行分析，得到如下的系统方程：

$$\ddot{x} = -k\dot{x} + u_1(\cos\phi\sin\theta\cos\psi + \sin\phi\sin\psi) + d$$

式中，(x, y, z) 为无人机质心在惯性坐标系中的位置坐标；k 为阻力系数；x 为 x 轴方向的位置；$d = d_1$ 为系统噪声信号。

设 $u_x = u_1(\cos\phi\sin\theta\cos\psi + \sin\phi\sin\psi)$ 为虚拟控制输入，则四旋翼无人机在 x 方向的位置

状态方程变为

$$\ddot{x} = -k\dot{x} + u_x + d$$

2. 小车模型

将小车模型视为一个二阶系统，进行动力学分析，得到如下数学模型：

$$\begin{cases} \ddot{x}_d = f_0 \\ \ddot{y}_d = f_1 \end{cases}$$

式中，（x_d , y_d）为小车位置坐标。暂取 x 方向的位置状态进行分析，得到如下系统方程：

$$\ddot{x}_d = f_0$$

3. 误差系统

为了实现城市追踪，取无人机和小车的 x 方向的位置误差为

$$e = x_d - x$$

则系统方程变为

$$\ddot{e} = -u_x + k\dot{x} - d + f_0$$

9.2.2 控制策略

1. PID 控制策略

PID 控制策略原理框图如图 9.2 所示。

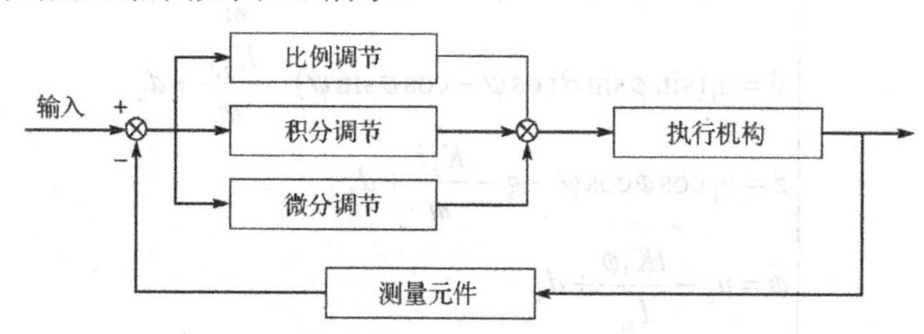

图 9.2 PID 控制策略原理框图

使用 PID 控制策略设计控制律为

$$u_x = K_\text{p} \cdot e + K_\text{i} \cdot \int e + K_\text{d} \cdot \frac{\text{d}}{\text{d}t} e$$

式中，K_p 为比例系数；K_i 为积分系数；K_d 为微分系数。

PID 控制的各部分有以下作用：

（1）比例部分决定控制作用的强弱；

（2）积分部分能消除稳态误差；

（3）微分部分能够加快系统的调节过程。

根据 PID 控制原理，此控制律可以使四旋翼无人机跟踪上小车。

2．滑模控制策略

滑模控制原理框图如图 9.3 所示。

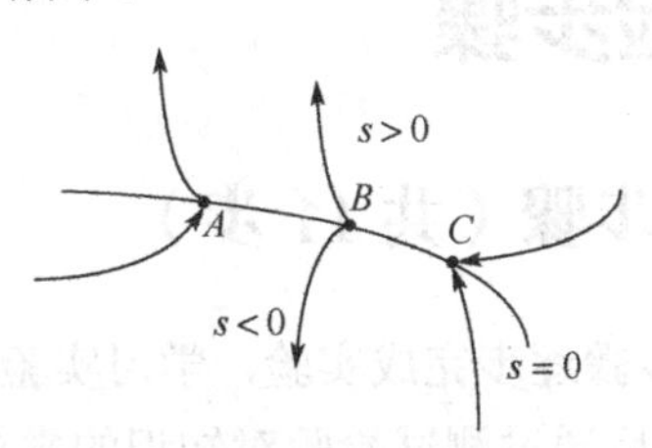

图 9.3　滑模控制原理框图

滑模控制分为两个阶段，第一个阶段是系统状态从滑模面外到达滑模面 $s = 0$，第二个阶段是系统状态沿着滑模面运动，最终到达平衡点。

取滑模面为

$$s = \dot{e} + ae$$

式中，$e = x_d - x$；a 是设计参数；x_d 是小车的位置。

则

$$\begin{aligned}\dot{s} &= \ddot{e} + a\dot{e} \\ &= \ddot{x}_d - \ddot{x} + a(\dot{x}_d - \dot{x}) \\ &= \ddot{x}_d - (-k\dot{x} + u_x) + a\dot{x}_d - a\dot{x}\end{aligned}$$

选取控制律为

$$u_x = k\dot{x} + \ddot{x}_d + a\dot{x}_d - a\dot{x} - bs$$

则

$$\dot{s} + bs = 0$$

式中，b 是设计参数。因此，根据滑模控制原理，此控制律可以使无人机跟踪上小车。

9.3　虚拟仿真实验内容

虚拟仿真实验内容涉及的主要知识点共 8 个：

（1）多旋翼无人飞行器位置动力学特性认识；

（2）多旋翼无人飞行器系统的组成与建模；

（3）二阶系统的时域特性分析；

（4）超调量、稳态误差、峰值时间、调节时间的认识；

（5）PID 控制原理；

（6）滑模控制原理；

（7）PID 控制器的参数整定；
（8）滑模控制器的参数整定。

9.4 虚拟仿真实验步骤

9.4.1 学生交互性操作步骤（共 11 步）

学生应按照虚拟仿真实验步骤逐步完成实验，学习实验目的、实验内容与步骤等内容，并深入理解知识，完成思考，最后通过测试检验对知识的掌握情况。学生交互性操作步骤如表 9.1 所示。

表 9.1 学生交互性操作步骤

步骤序号	步骤目标要求	步骤合理用时	目标达成度赋分模型	步骤满分	成绩类型
1	探究时域下的控制原理。了解时域特性实验的实验目的、实验原理和实验内容与步骤 通过 5 道题目检验学生对时域特性实验的掌握情况	5 分钟	完成 5 道时域特性知识的客观题，每道题目 1 分，共 5 分	5	操作成绩
2	掌握不同选择通道和输入信号下的时域特性，并生成时域特性曲线 比较不同的时域特性曲线及性能指标，分析选择通道和输入信号对时域特性的影响	10 分钟	获得实际场景中时域特性曲线，共 2 类，位置曲线或姿态角曲线 1 张，误差曲线 1 张；以及对应的性能指标表格 1 张 其中，位置曲线或姿态角曲线收敛稳定且无振荡，可得 4 分；误差曲线的稳态误差≤2，可得 4 分；性能指标表格中，超调量≤25%，可得 2 分，调节时间≤8s，可得 2 分，上升时间≤3s，可得 1 分 实验报告部分不参与赋分	13	操作成绩 实验报告
3	掌握城市追踪场景下的 PID 控制算法 熟悉比例、积分、微分各个模块的意义和作用 洞悉 PID 的控制规律 理解 PID 控制的整体框图 通过 7 道题目检验学生对 PID 控制算法的掌握情况	5 分钟	完成 7 道 PID 控制算法的客观题，每道题目 1 分，共 7 分	7	操作成绩
4	深入理解 PID 控制算法中比例参数 K_p 的作用；系统一旦出现偏差，比例调节用来产生调节作用以减少偏差 利用控制变量法得到不同比例参数 K_p 下的速度曲线和误差曲线 完成城市追踪场景下的自动控制实验要求	8 分钟	利用控制变量法，获得不同比例参数 K_p 下的曲线，要求出现发散和稳定两种不同收敛效果的误差曲线。每出现一种曲线给 2 分，共 4 分 无人机成功捕获到小车给 2 分，共 2 分	6	操作成绩

续表

步骤序号	步骤目标要求	步骤合理用时	目标达成度赋分模型	步骤满分	成绩类型
5	深入理解PID控制算法中微分参数K_d的作用；微分控制可以减小超调量，克服振荡，提高系统的稳定性，同时加快系统的动态响应速度，减小调整时间，从而改善系统的动态性能 利用控制变量法得到不同微分参数K_d下的速度曲线和误差曲线 完成城市追踪场景下的自动控制实验要求	8分钟	利用控制变量法，获得不同微分参数K_d下的曲线，要求出现剧烈振荡和轻微振荡两种不同收敛效果的误差曲线，当振荡幅度≤20时为轻微振荡，反之为剧烈振荡。每出现一种曲线给2分，共4分 无人机成功捕获到小车给2分，共2分	6	操作成绩
6	深入理解PID控制算法中积分参数K_i的作用，主要用于消除静差，提高系统的无差度 利用控制变量法得到不同积分参数K_i下的速度曲线和误差曲线 完成城市追踪场景下的自动控制实验要求	8分钟	利用控制变量法，获得不同积分参数K_i下的曲线，要求出现发散和稳定两种不同收敛效果的误差曲线。每出现一种曲线给2分，共4分 无人机成功捕获到小车给2分，共2分	6	操作成绩
7	掌握城市追踪场景下的滑模控制算法 熟悉滑动状态和到达状态两个模块的意义和作用 洞悉滑模控制算法的控制规律 理解滑模控制算法的整体框图 通过5道题目检验学生对滑模控制算法的掌握情况	5分钟	完成5道滑模控制算法的客观题，每道题目1分，共5分	5	操作成绩
8	熟练掌握滑模控制算法中滑模面参数A的作用；当系统状态位于滑模面上时，各状态能够自主地滑动到平衡状态 利用控制变量法得到不同滑模面参数A下的速度曲线和误差曲线 完成城市追踪场景下的自动控制实验要求	8分钟	利用控制变量法，获得不同滑模面参数A下的曲线，要求出现剧烈抖振和轻微抖振两种不同收敛效果的误差曲线，当振荡幅度≤20时为轻微振荡，反之为剧烈振荡。每出现一种曲线给2分，共4分 无人机成功捕获到小车给2分，共2分	6	操作成绩
9	熟练掌握滑模控制算法中控制器参数K的作用；当系统状态位于空间任意位置时，通过控制器的作用，使得系统状态能够被控制到滑模面上 利用控制变量法得到不同控制器参数K下的速度曲线和误差曲线 完成城市追踪场景下的自动控制实验要求	8分钟	利用控制变量法，获得不同控制器参数K下的曲线，要求出现剧烈抖振和轻微抖振两种不同收敛效果的误差曲线，当振荡幅度≤20时为轻微振荡，反之为剧烈振荡。每出现一种曲线给2分，共4分 无人机成功捕获到小车给2分，共2分	6	操作成绩

续表

步骤序号	步骤目标要求	步骤合理用时	目标达成度赋分模型	步骤满分	成绩类型
10	综合上述所有实验结果，选择一种控制算法，给出在此控制算法下最优的参数取值，得到对应曲线	5 分钟	根据函数型评分策略，给出对应分值。评分策略如下： 分数 $=a\times[30\times b+(1-\rho)\times40+(1-t_s/100)\times30]\times20\%$ a=1 表示追踪成功，a=0 表示追踪失败 b 表示第几次捕获成功， $b=\begin{cases}1, & \text{第一次捕获成功}\\0.8, & \text{第二次捕获成功}\\0.6, & \text{第三次捕获成功}\end{cases}$ ρ 反映超调量指标 t_s 反映小车追踪的调节时间	20	操作成绩
11	综合上述所有实验结果，在实验报告中给出两种控制算法下对应参数的合理取值 运用比较法分析两种控制策略的差异	5 分钟			实验报告教师评价报告

9.4.2　交互性步骤详细说明

1．时域下的控制原理

操作目的： 了解时域特性实验的实验目的、实验原理和实验内容与步骤，为控制算法的设计实验做好准备。

操作过程：

（1）通过阅读实验必读，学习实验目的、实验内容与步骤等内容。

（2）通过测试，检验学生对时域特性实验的掌握情况。

操作结果： 掌握时域特性实验的实验目的、实验原理和实验内容与步骤。通过认知考核汇总实验结果，最终在实验报告教师评价阶段获得准确、完整的评价和得分。

操作过程：

（1）进入如图 9.4 所示的无人机控制虚拟仿真实验导航界面，单击“信号特性”按钮，即可进入时域和频域特性实验的选择界面，如图 9.5 所示。然后，单击“时域特性”按钮，即可链接到时域特性的实验界面。

（2）进入实验界面后，左侧显示的是无人机的姿态和位置信息，右侧显示的是无人机的姿态角曲线和误差曲线。无人机时域分析实验界面如图 9.6 所示。

（3）单击“实验必读”按钮，了解实验目的及相关注意事项，学习实验原理，掌握自动控制原理中上升时间、峰值时间、调节时间、超调量、稳态误差等的物理意义。无人机控制虚拟仿真实验必读界面如图 9.7 所示。

（4）在掌握时域分析基本方法之后，会进行答题考核，考核共 5 道题目。时域分析下控制原理考核界面如图 9.8 所示，通过题目检验时域分析下控制原理的掌握程度。做完 5 道题目后单击“提交”按钮，界面上会显示 5 道题目的得分情况。时域分析下控制原理考核结果如图 9.9 所示。

图 9.4　无人机控制虚拟仿真实验导航界面

图 9.5　时域和频域特性实验的选择界面

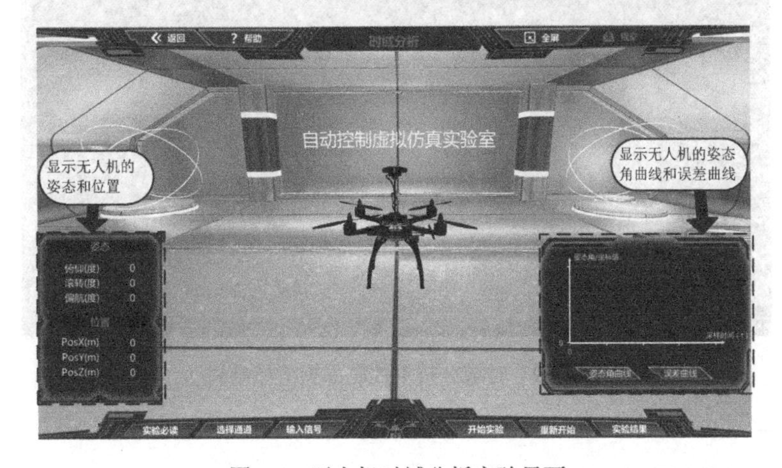

图 9.6　无人机时域分析实验界面

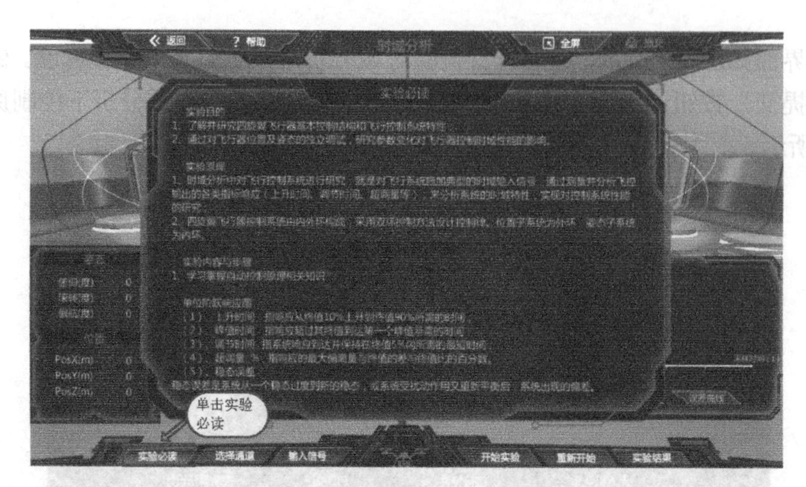

图 9.7　无人机控制虚拟仿真实验必读界面①

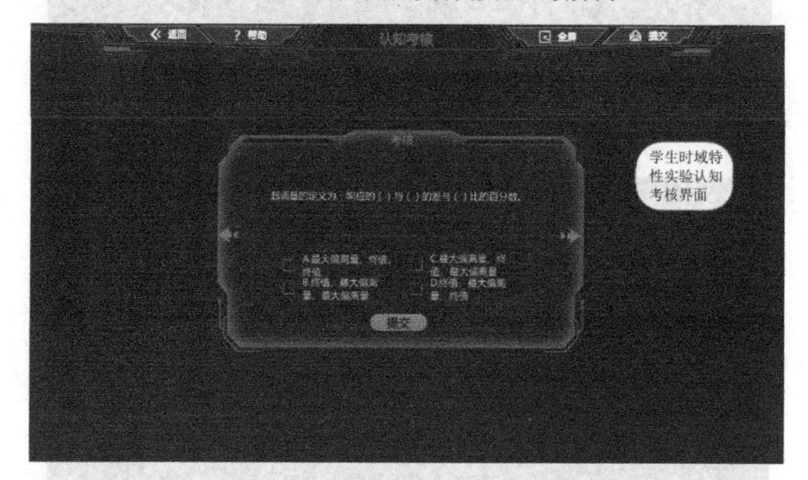

图 9.8　时域分析下控制原理考核界面

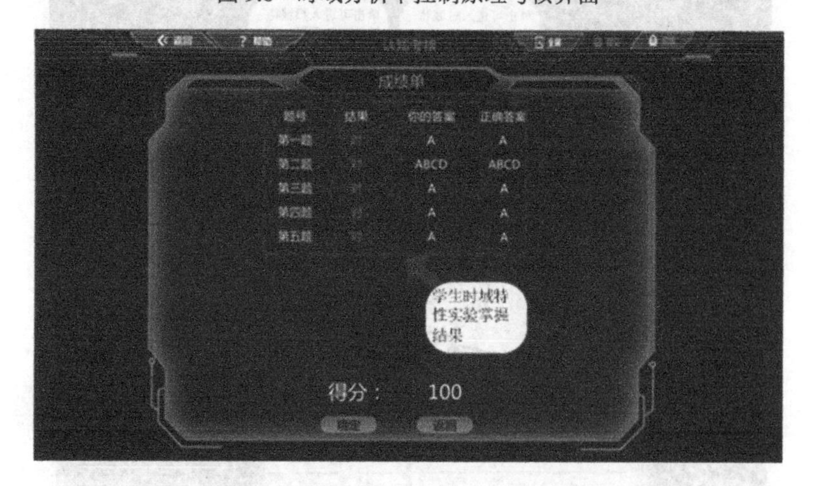

图 9.9　时域分析下控制原理考核结果

① 图中的“过度”的正确写法为“过渡”。

2. 时域特性下的位置和姿态

操作目的： 通过对无人机不同通道和输入信号的选择，分析其对时域特性的影响。

操作过程：

（1）通过选择通道和输入信号界面，选择合适的选项，设置相应的 PID 参数。

（2）通过姿态角曲线和误差曲线，分析实验结果，得到满足收敛要求的曲线。

操作结果： 得到不同通道和输入信号下时域特性的设置方法。此步骤获得的分析方法为后期城市追踪下的控制算法设计提供指导。实验结果通过相应的实验报告得到汇总。

操作过程：

（1）在如图 9.10 所示的实验仿真界面中，单击“选择通道”按钮，进入相应的界面，如图 9.11 所示。选择一个输出通道，并单击“确定”按钮退出当前对话框。

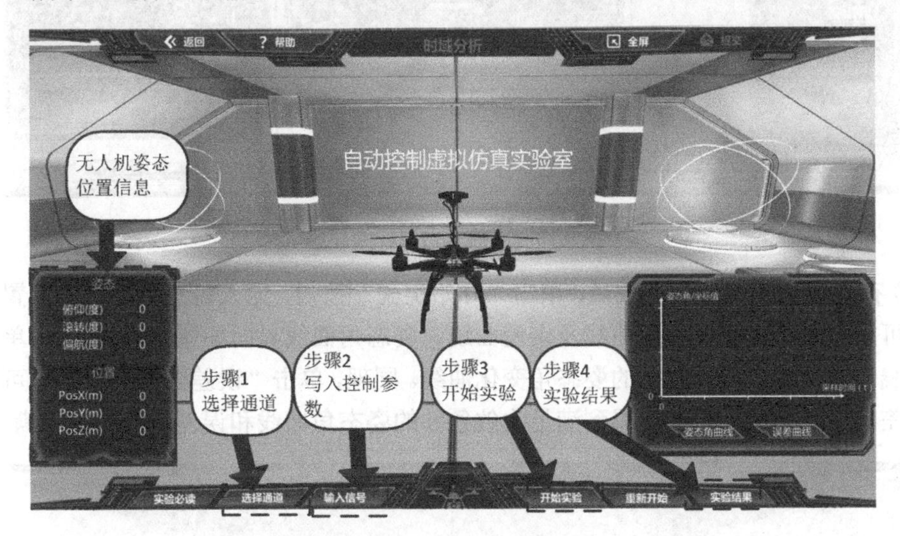

图 9.10　实验仿真界面

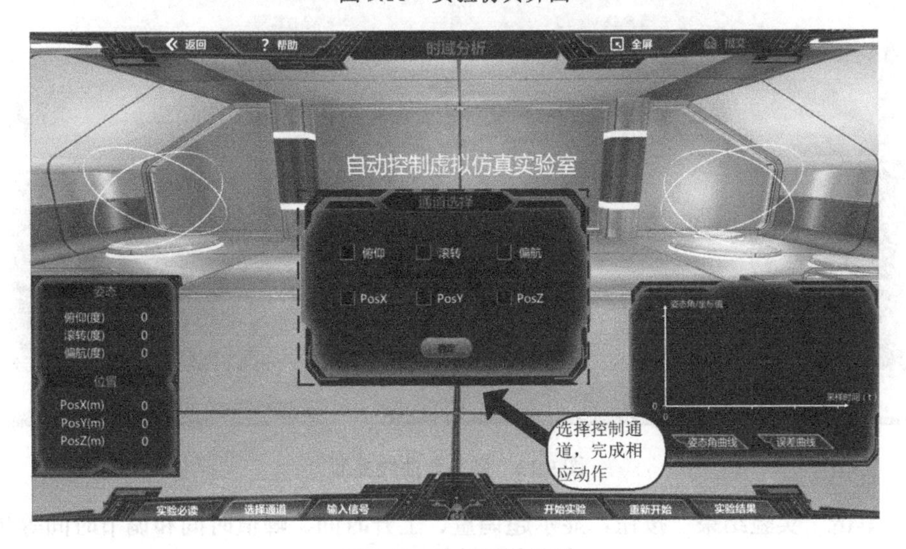

图 9.11　选择通道界面

（2）单击“输入信号”按钮，弹出“输入信号”对话框，如图 9.12 所示。在对话框中设置该通道的控制参数，并单击“确定”按钮退出当前对话框。

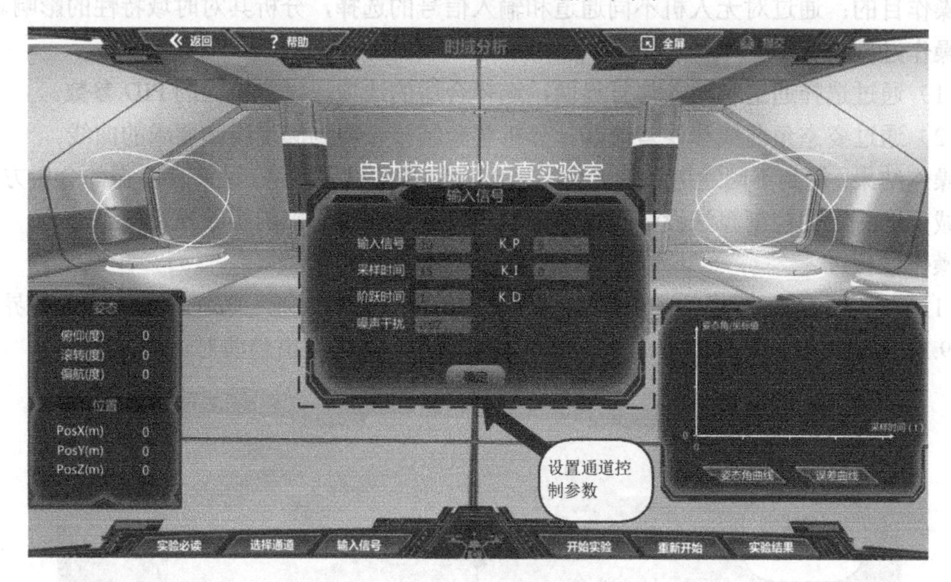

图 9.12　“输入信号”对话框

（3）在设置相应的控制参数后，单击“开始实验”按钮，无人机进行相应的位置和姿态变化，可以查看相应的姿态角曲线及误差曲线。姿态角曲线界面如图 9.13 所示。单击“姿态角曲线”按钮可以查看相应的姿态角变化曲线。同理，单击“误差曲线”按钮即可查看仿真的误差曲线。在此过程中，得到满足收敛条件的姿态角曲线和误差曲线即可得满分。

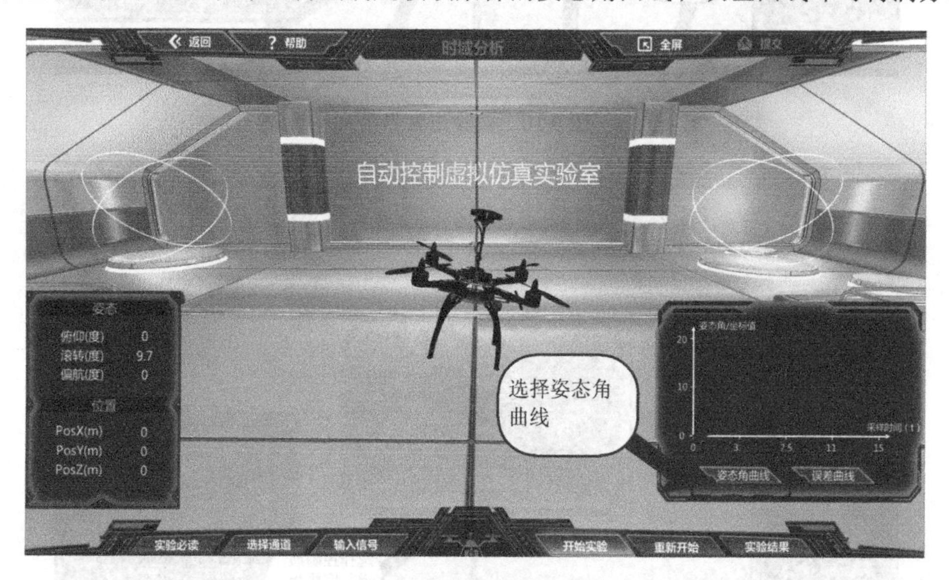

图 9.13　姿态角曲线界面

（4）单击“实验结果”按钮，显示超调量、上升时间、峰值时间和调节时间等仿真值。实验结果分析界面如图 9.14 所示。

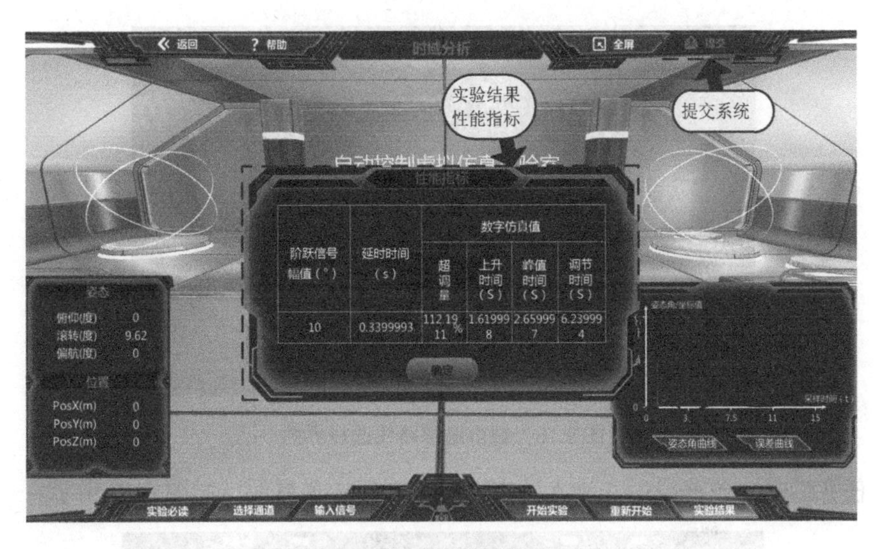

图 9.14　实验结果分析界面

3. 城市追踪场景下的 PID 控制器学习

操作目的： 熟悉比例调节、积分调节和微分调节各个模块的意义和作用，理解 PID 控制整体框图。

操作过程：

（1）通过阅读材料，学习城市追踪场景下的 PID 控制算法。

（2）通过测试，检验学生对 PID 算法的掌握情况。

操作结果： 理解 PID 控制算法。此步骤为后续 PID 控制参数的调整提供指导。通过算法测试汇总实验结果，最终在实验报告教师评价阶段获得准确、完整的评价和得分。

操作过程：

（1）在实验系统导航界面（见图 9.15）中，单击“城市追踪”按钮，进入城市追踪路线选择界面，如图 9.16 所示。

图 9.15　实验系统导航界面中的城市追踪

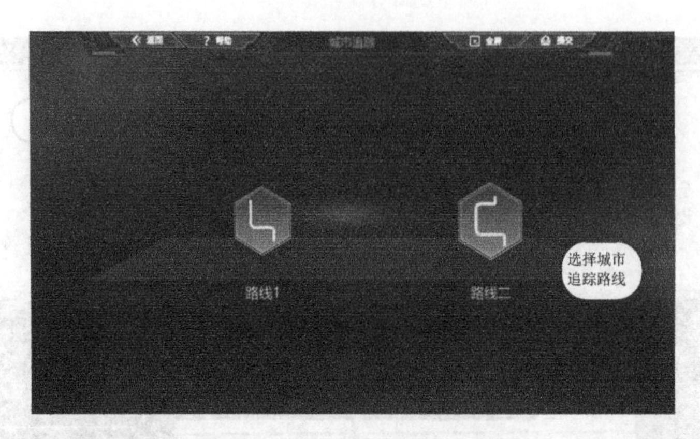

图 9.16　城市追踪路线选择界面

（2）任意选择一条路线后，进入城市追踪控制器选择界面，如图 9.17 所示。

图 9.17　城市追踪控制器选择界面

（3）单击“PID 控制器”按钮，进入 PID 算法学习界面，如图 9.18 所示。学生在该界面可以学习 PID 各个模块的作用、控制规律、整体框图等内容。

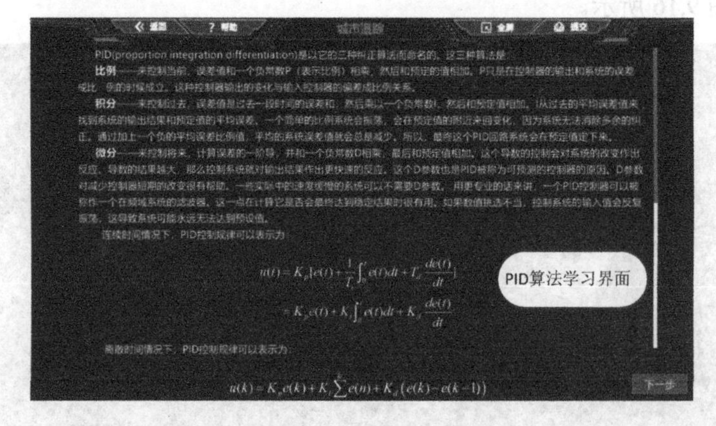

图 9.18　PID 算法学习界面[①]

① 图中第 7 行的“一阶导”指“一阶导数”；“作出反应”的正确写法为“作出反应”。

（4）在掌握PID控制算法之后，会进行答题考核，考核共7道题目。PID控制算法测试题如图9.19所示。通过题目检验学生对PID控制算法的掌握程度。做完7道题目后单击“提交”按钮，界面上会显示7道题目的得分情况。PID控制算法检测结果如图9.20所示。

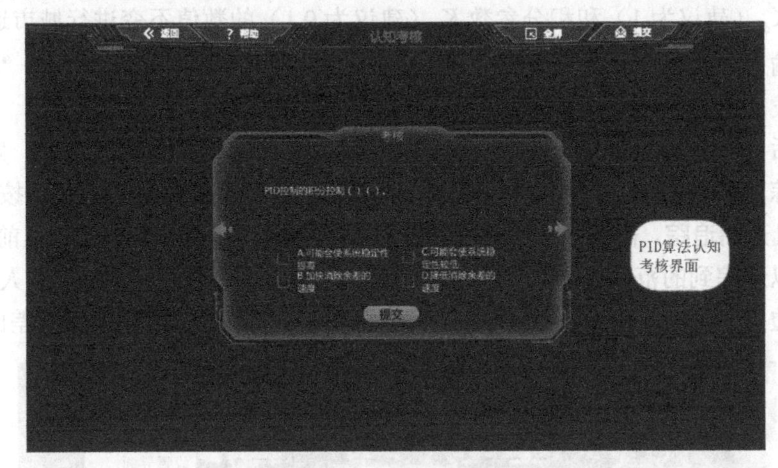

图9.19 PID控制算法测试题

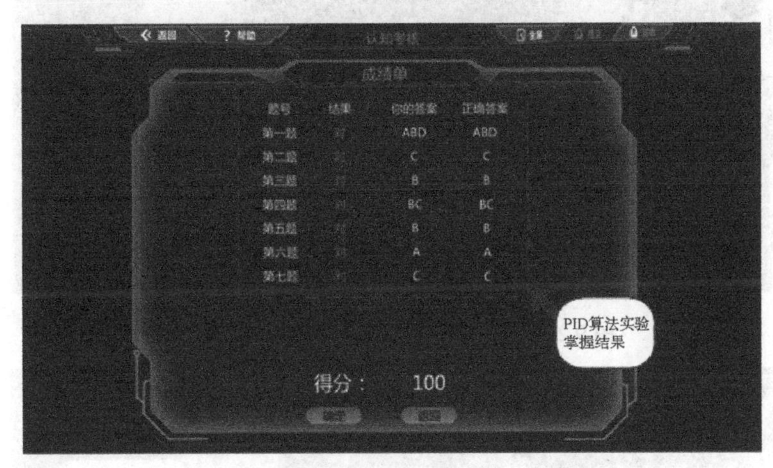

图9.20 PID控制算法检测结果

4．比例参数K_p的作用

操作目的：深入理解PID控制算法中的比例参数K_p的作用，完成城市追踪下的自动控制实验要求。

操作过程：

（1）利用控制变量法得到不同比例参数K_p作用下的速度曲线和误差曲线。

（2）利用合适的比例参数K_p完成城市追踪。

操作结果：根据不同的比例参数K_p，得到发散和未定两种不同收敛结果的误差曲线。此步骤获得的分析方法为后期城市追踪下控制算法最优参数的取值提供指导。通过收敛结果的误差曲线和捕获结果汇总实验结果，最终在实验报告教师评价阶段获得准确、完整的评价和得分。

操作过程：

（1）在 PID 算法学习界面中，单击“下一步”按钮，进入城市追踪 PID 控制器参数设置界面，如图 9.21 所示。在该界面中调整比例参数 K_p（建议取 0.1～10 之间）的数值，保持微分参数 K_d（建议为 1）和积分参数 K_i（建议为 0.1）的数值不变进行城市追踪实验。

（2）当输入一组发散 PID 控制参数（K_p=0.1、K_i=0.1、K_d=1）后，单击“确定”按钮开始实验，发散 PID 控制器开始实验界面如图 9.22 所示。

（3）然后单击“开始试验”按钮，小车开始运动，此时无人机是静止的。发散 PID 控制器开始追踪界面如图 9.23 所示。小车行驶一段距离后，出现“开始追踪”按钮，单击该按钮，无人机开始追踪。需要注意的是，如果不及时单击该按钮，小车会一直前进，直到超出无人机可以追踪到的范围（150m），实验失败。同时屏幕左下角有小车和无人机的实时速度显示，左边中间是无人机第一视角，右下角是无人机和小车的实时距离误差曲线。

图 9.21　城市追踪 PID 控制器参数设置界面

图 9.22　发散 PID 控制器开始实验界面[①]

① “开始试验”的正确写法为“开始实验”。

图 9.23　发散 PID 控制器开始追踪界面

（4）当无人机开始运行后，屏幕上会出现“开始捕获”按钮，如图 9.24 所示。

图 9.24　屏幕上出现“开始捕获”按钮

（5）单击“开始捕获”按钮后，无人机会开始捕获，发散 PID 控制器开始捕获界面如图 9.25 所示。学生需要在三次机会内成功捕获到小车，否则判定实验失败，每次捕获的时间需要 5s。

图 9.25　发散 PID 控制器开始捕获界面

（6）捕获成功后可以单击屏幕上的“继续实验”按钮再次重复实验，发散 PID 控制器捕获失败界面如图 9.26 所示。

图 9.26 发散 PID 控制器捕获失败界面

（7）当在城市追踪 PID 控制器参数设置界面输入一组稳定 PID 控制参数（K_p=10、K_i=0.1、K_d=1）后，单击“确定”按钮开始实验。重复步骤（3）～（5），得到稳定 PID 控制器捕获结果，稳定 PID 控制器捕获成功界面如图 9.27 所示。

图 9.27 稳定 PID 控制器捕获成功界面

5. 微分参数 K_d 的作用

操作目的： 深入理解 PID 控制算法中的微分参数 K_d 减小超调、克服振荡的作用，完成城市追踪下的自动控制实验要求。

操作过程：

（1）利用控制变量法得到不同微分参数 K_d 作用下的速度曲线和误差曲线。

（2）利用合适的微分参数 K_d 完成城市追踪。

操作结果： 根据不同的微分参数 K_d，得到剧烈振荡和轻微振荡两种不同收敛结果的误差曲线。此步骤获得的分析方法为后期城市追踪下控制算法最优参数的取值提供指导。通过收敛结果的误差曲线和捕获结果汇总实验结果，最终在实验报告教师评价阶段获得准确、完整的评价和得分。

操作过程：

（1）在该界面中调整微分参数 K_d（建议取 0.1～2 之间）的数值，保持比例参数 K_p（建议为 5）和积分参数 K_i（建议为 0.1）的数值不变进行城市追踪实验。

（2）当输入一组剧烈振荡 PID 控制参数（$K_p=5$、$K_i=0.1$、$K_d=0.1$）后，单击“确定”按钮开始实验。重复上面的步骤（2）～（5），得到实验捕获成功结果。

（3）当输入一组轻微振荡 PID 控制参数（$K_p=5$、$K_i=0.1$、$K_d=2$）后，单击“确定”按钮开始实验。重复上面的步骤（2）～（5），得到轻微振荡 PID 控制器捕获成功结果。

6．积分参数 K_i 的作用

操作目的： 深入理解 PID 控制算法中积分参数 K_i 的消除静差作用，提高系统的无差度，完成城市追踪下的自动控制实验要求。

操作过程：

（1）利用控制变量法得到不同积分参数 K_i 作用下的速度曲线和误差曲线。

（2）利用合适的积分参数 K_i 完成城市追踪。

操作结果： 根据不同的微分参数 K_i，得到稳定和发散两种不同收敛结果的误差曲线。此步骤获得的分析方法为后期城市追踪下控制算法最优参数的取值提供指导。通过收敛结果的误差曲线和捕获结果汇总实验结果，最终在实验报告教师评价阶段获得准确、完整的评价和得分。

操作过程：

（1）在该界面中调整积分参数 K_i（建议取 0.1～1 之间）的数值，保持比例参数 K_p（建议为 5）和微分参数 K_d（建议为 1）的数值不变进行城市追踪实验。

（2）当输入一组发散 PID 控制参数（$K_p=5$、$K_i=1$、$K_d=1$）后，单击“确定”按钮开始实验。重复上面的步骤（2）～（5），得到捕获失败的实验结果。

（3）当输入一组稳定 PID 控制参数（$K_p=5$、$K_i=0.1$、$K_d=1$）后，单击“确定”按钮开始实验。重复上面的步骤（2）～（5），得到稳定 PID 控制器捕获成功的结果。

7．城市追踪场景下的滑模控制器

操作目的： 熟悉滑动状态和到达状态，理解滑模控制算法的整体框图。

操作过程：

（1）通过阅读材料，学习城市追踪场景下的滑模控制算法。

（2）通过测试，检验学生对滑模控制算法的学习情况。

操作结果： 理解滑模控制算法。此步骤为后续滑模控制参数的调整提供指导。通过算法测试汇总实验结果，最终在实验报告教师评价阶段获得准确、完整的评价和得分。

操作过程：

（1）在城市追踪控制器选择界面中单击“滑模控制器”按钮，进入滑模控制器介绍界面，如图9.28所示。学生在该界面中学习滑模控制器的定义、两个主要阶段等内容。

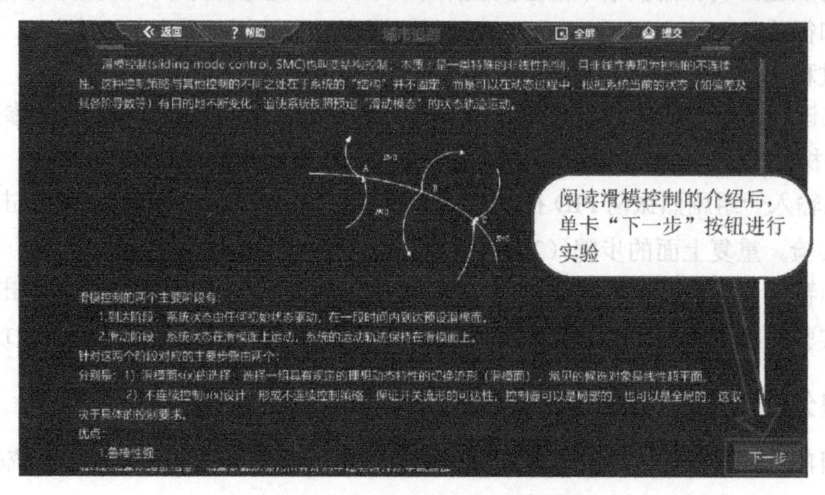

图9.28 滑模控制器介绍界面①

（2）在掌握滑模控制算法之后，会进行答题考核，考核共5道题目，滑模控制算法测试题如图9.29所示，通过题目检验学生对滑模控制算法的掌握程度。做完5道题目后单击“提交”按钮，界面上会显示5道题目的得分情况，滑模控制算法检测结果如图9.30所示。

8. 滑模面参数 *A*

操作目的：深入理解滑模控制算法中滑模面参数 A 的作用，完成城市追踪下的自动控制实验要求。

图9.29 滑模控制算法测试题

① 图中第7行的“由”的正确写法为“有”。

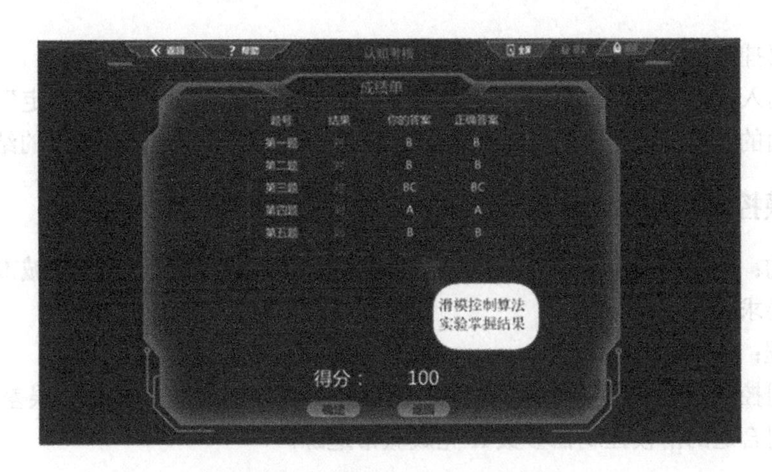

图 9.30　滑模控制算法检测结果

操作过程：

（1）利用控制变量法得到不同滑模面参数 A 作用下的速度曲线和误差曲线。

（2）利用合适的滑模面参数 A 完成城市追踪。

操作结果：根据不同的滑模面参数 A，得到剧烈抖振和轻微抖振两种不同收敛结果的误差曲线。此步骤获得的分析方法为后期城市追踪下控制算法最优参数的取值提供指导。通过收敛结果的误差曲线和捕获结果汇总实验结果，最终在实验报告教师评价阶段获得准确、完整的评价和得分。

操作过程：

（1）在滑模控制器介绍界面中单击“下一步”按钮后，得到滑模面参数设计界面，如图 9.31 所示。实验中共有两个参数需要学生进行设计，分别是滑模系数 K、滑模面参数 A。在该界面中调整滑模面参数 A（建议取 0.1～10 之间）的数值，保持参数 K 数值（建议为 1）不变进行城市追踪实验。

图 9.31　滑模参数设计界面

（2）当输入一组剧烈抖振滑模控制参数（$A=0.1$，$K=1$）后，单击“确定”按钮开始实验。重复上面的步骤（2）～（5），得到剧烈抖振滑模控制器参数捕获失败的结果，剧烈抖振滑膜控制器捕获过程如图 9.32 所示。

（3）当输入一组轻微抖振滑模控制参数（$A=10$，$K=1$）后，单击“确定”按钮开始实验。重复上面的步骤（2）～（5），得到轻微抖振滑模控制器参数捕获成功的结果。

9．滑模控制器参数 K

操作目的：深入理解滑模控制算法中滑模控制器参数 K 的作用，完成城市追踪下的自动控制实验要求。

操作过程：

（1）利用控制变量法得到不同滑模控制器参数 K 作用下的速度曲线和误差曲线。

（2）利用合适的滑模控制器参数 K 完成城市追踪。

图 9.32 剧烈抖振滑模控制器捕获过程

操作结果：根据不同的滑模控制器参数 K，得到剧烈抖振和轻微抖振两种不同收敛结果的误差曲线。此步骤获得的分析方法为后期城市追踪下控制算法最优参数的取值提供指导。通过收敛结果的误差曲线和捕获结果汇总实验结果，最终在实验报告教师评价阶段获得准确、完整的评价和得分。

操作过程：

（1）在滑模参数设计界面中调整滑模控制器参数 K（建议取 0.1～10 之间）的数值，保持参数 A 数值（建议为 10）不变进行城市追踪实验。

（2）当输入一组轻微抖振滑模控制参数（$A=10$，$K=10$）后，单击“确定”按钮开始实验。重复上面的步骤（2）～（5），得到轻微抖振滑模控制器参数捕获成功的结果。

（3）当输入一组剧烈抖振滑模控制参数（$A=10$，$K=0.1$）后，单击“确定”按钮开始实验。重复上面的步骤（2）～（5），得到剧烈抖振滑模控制器参数捕获成功的结果。

10．最优参数设计

操作目的：在城市追踪场景下，进行控制器最优参数设计方法综合训练。

操作过程：

（1）综述之前的实验过程，选择一种能够熟练应用的控制算法。

（2）结合该算法的控制原理，给出最优参数的取值及对应曲线。

操作结果： 根据控制器最优设计参数，得到最优误差曲线。通过收敛结果的误差曲线和捕获结果汇总实验结果，最终在实验报告教师评价阶段获得准确、完整的评价和得分。

操作过程：

（1）学生根据自己学习的情况，可以在 PID 控制器和滑模控制器中任意选择一种控制器（书中示例为 PID 控制器）。

（2）根据前面的实验结果，在城市追踪 PID 控制器参数设置界面中输入控制器参数 $K_p = 10$，$K_i = 0.1$，$K_d = 5$。然后，单击“确定”按钮，重复前面的步骤（2）～（5），得到实验结果，PID 控制器最优参数捕获结果如图 9.33 所示。

图 9.33　PID 控制器最优参数捕获结果

11．最终实验报告

操作目的： 回顾整个城市追踪场景下的自动控制原理虚拟仿真实验过程，梳理控制器的设计思路，总结实验经验，同时加深对传统自动控制系统中控制器原理的学习。

操作过程：

（1）在实验报告中给出两种控制算法的合理取值。

（2）运用比较法分析 PID 控制和滑模控制在城市追踪应用中的差异。

操作过程：

单击“实验报告”按钮，查看实验记录和实验得分。梳理控制器设计构建思路，总结实验经验，强化 PID 控制和滑模控制的理论学习。

9.5　虚拟仿真实验记录

（1）记录 PID 控制实验中的参数 K_p，K_i，K_d，并记录不同参数选取下的运行结果，进行数据分析，总结 PID 控制规律。

（2）记录滑模控制实验中的参数 A 和 K，并记录不同参数选取下的运行结果，进行数据分析，总结滑模控制规律。

9.6 虚拟仿真实验拓展思考

（1）通过多次实验，总结 PID 控制实验中的参数 K_p，K_i，K_d，以及滑模控制实验中参数 A 和 K 对系统的影响。

（2）选择一种能够熟练应用的控制算法设计最优参数进行实验，并得到最优的响应曲线。

参考文献

[1] 陈启宗．线性系统理论与设计[M]．王纪文，译．北京：科学出版社，1988．

[2] 戴忠达．自动控制理论基础[M]．北京：清华大学出版社，1991．

[3] 范崇记，孟繁华．现代控制理论基础[M]．上海：上海交通大学出版社，1990．

[4] 何关钰．线性控制系统理论[M]．沈阳：辽宁人民出版社，1982．

[5] 胡寿松．自动控制原理[M]．6 版．北京：科学出版社，2013．

[6] 张志涌，徐彦琴．MATLAB 教程[M]．北京：北京航空航天大学出版社，2001．

[7] 胡寿松，王执铨，胡维礼．最优控制理论与系统[M]．2 版．北京：科学出版社，2005．

[8] 全权，戴训华，王帅．多旋翼飞行器设计与控制实践[M]．北京：电子工业出版社，2020．

[9] 李友善．自动控制原理（修订版）[M]．北京：国防工业出版社，1989．

[10] 徐宝云，王文瑞．计算机建模与仿真技术[M]．北京：北京理工大学出版社，2009．

[11] 孟宪蕾．控制系统工程[M]．北京：航空工业出版社，1992．

[12] 郭天石．控制系统的虚拟仪器仿真[M]．北京：机械工业出版社，2012．

[13] 汪声远．现代控制理论简明教程[M]．北京：北京航空航天大学出版社，1990．

[14] 吴麒．自动控制原理[M]．北京：清华大学出版社，1990．

[15] 绪方胜彦．现代控制工程[M]．卢伯英，译．北京：电子工业出版社，2007．

[16] 薛定宇．反馈控制系统设计与分析——MATLAB 语言应用[M]．北京：清华大学出版社，2000．

[17] 尤昌德，阙志宏，林继宏．现代控制理论基础例题与习题[M]．成都：电子科技大学出版社，1991．

[18] 罗蕾，李允，陈丽蓉，等．嵌入式系统及应用[M]．北京：电子工业出版社，2016．

[19] 冯新宇，范红刚，辛亮．四旋翼无人飞行器设计[M]．北京：清华大学出版社，2017．

[20] 景州，张爱民．自动控制原理实验指导[M]．西安：西安交通大学出版社，2013．

[21] 李秋红，叶志峰，徐爱民．自动控制原理实验指导[M]．北京：国防工业出版社，2007．

[22] 熊晓君．自动控制原理实验教程（硬件模拟与 MATLAB 仿真）[M]．北京：机械工业出版社，2009．

[23] Gene F. Franklin, J. David Powell, Abbas Emami-Naeini. 自动控制原理与设计[M]．5 版．李中华，张雨浓，译.北京：人民邮电出版社，2007．

[24] Atnerton D P. Nonlinear Control Engineering[M]. Van Nostrand:Rein-Hold Company Limited, 1975.

[25] Bryson A E,Ho YC. Applied Optimal Control: Optimization,Estimation and Control[M]. New York: JohnWiley& Sons, Inc, 1975.

[26] Jacquot R G. Modern Digital Control Systems[M]. Marcel: Dekker Inc, 1981.

[27] Kuo B C. Automatic Control Systems[M]. New York: Prentice-Hall, Inc, 1975.

[28] Lathi B P. Signal, Systems and Controls[M]. New York: Text Educational Publishers, 1974.

[29] Munro N. Modern Approaches to Control System Engineering[M]. New York: Prentice-Hall, Inc, 1979.

反侵权盗版声明

举报电话：（010）88254396；（010）88258888

传　　真：（010）88254397

E-mail：　dbqq@phei.com.cn

通信地址：北京市万寿路 173 信箱

　　　　　电子工业出版社总编办公室

邮　　编：100036